U0138714

飲酒書

謝忠道 著
Hsieh Chung-Tao

目錄
contents

Part 03　酒事

Part 04　配酒與買酒

推薦序

聽，
美食作家說葡萄酒

葉怡蘭 飲食旅遊作家・「Yilan 美食生活玩家」網站創辦人

飲酒、愛酒十多年，也始終是我的寫作與研究領域之一，然我卻從來不曾將葡萄酒視為一門高深學問或品味，而是常日飲食生活裡時時相陪、不可或缺的夥伴。

總是隨時隨地就這麼自自然然喝起葡萄酒來：最常見是週末假日或是比較不忙的晚上，廚房裡簡單做了菜，不管是台式日式的兩菜一湯、西式的沙拉加燉飯或義大利麵或主菜，甚或就只是一缽蓋飯、一碗乾拌麵、幾片麵包配輕食……

「今晚，喝哪瓶好呢？」一面端菜上桌，一面在腦海中翻找著我那小小僅能容納四十八瓶酒櫃裡為數有限的存酒——「又將是一個悠慢微醺之夜！」的飄飄然，也定然同時甘美湧上心頭。

而家中餐桌外，外頭餐館裡、親友歡聚時刻、戶外野餐之際，也定然都有葡萄酒為伴。旅行時分，隨著旅程的前進，在地環境風土、氛圍與食物環繞間所飲下的每一瓶每一杯葡萄酒，也一一化為行腳裡最芳醇最深刻的回憶。

遂而，出乎這樣的依賴珍愛心情，我對葡萄酒長年來一直抱持著彷彿安步當車的淡泊態度：不看評分、不追高價、不求頂級、不擁窖藏，隨遇而安，用心專注，只在餐桌上與每一瓶、每一啜佳釀相遇剎那的喜悅，以及和料理間撞擊而生的火花。

因此，展讀忠道此書，特別油生幾分心念相契感。

和市面上絕大多數專家路線葡萄酒書不同，美食作家筆下的葡萄酒世界，特別流露著一股灑脫不羈的悠然氣息。

當然，以忠道長駐歐洲的記者身分優勢，自是更多了機會得以踏足一般人無能登上的酒區酒莊酒窖酒桌、喝到尋常人無緣一嚐的珍稀酒款；然他卻始終維持著一種宛若局外旁觀的姿態，一派輕鬆，娓娓訴說著，自己的體驗、自己的看見、自己的思考以至針砭。

讀來分外親切愉悅、生動撩人。讓我直想就此起身倒上一杯來，習習酒香裡，醉聽，愛酒人說酒緣酒味酒事。

自序

風花雪月，蟲唧鳥鳴

謝忠道 Hsieh Chung-Tao

這些文章選自寫了三年多的一個葡萄酒專欄。

編輯當初邀稿我就說了，我不是專家，寫不來葡萄酒專業文章。編輯回說，寫點跟葡萄酒有關的，給像我這種不懂又愛喝的人看的。

我周圍喝酒的朋友大約分兩種，一種是懂酒的，一種是想懂而不得其門而入的。如果你是前者，趕快放下本書，去找林裕森的書來讀（也或許你早已是他的資深粉絲團員了）。後者，我很感同身受，老實說，喝酒世界裡我也還有一隻腳在門外。

不得其門而入的原因很多，外語不熟（多半是法西德等非英美語系），品種複雜，產區繁多，制度混淆，兼沒友沒伴，難辨優劣；而且價格山上地下，教人眼花撩亂，無所適從。不太敢去專門店裡買，售貨員說的像鴨子聽雷；去超市大賣場挑酒，除了抓緊預算之外，甚麼樣的酒才是物超所值的，還是被當冤大頭的，要不要相信 Parker 的分數或是瓶身上的得獎標籤，無從得知。回家興沖沖倒來一喝，入喉時一陣疑惑忽上心頭：怎樣才算好酒啊？這個酒杯到底對還是不對？那些見鬼的紫羅蘭、皮革、森林溼地衣、香草、可可，醬油味……都在哪兒？

這些我都經歷過，今日也還在經歷中。不過，我倒是自我感覺良好地在這種摸索懷疑的過程中，找到一種喝酒的樂趣。一種不專業品酒的樂趣。不懂酒也可以喝，而且可以喝出自己的風格。

我是那種懂一點又不全懂，摸著石頭過河的喝酒人。

所以文章寫的是一些跟喝酒有關的事情，可是又不那麼認真。多數是經驗心得，更多的是疑惑與偏見。俗語說，「酒是人的膽」，這句話在我身上特別適用：從早期喝酒聽別人說得頭頭是道，我聽得唯唯諾諾；到今天我有時會在評酒會上自曝其短地跟其他評審對論相談。兩年前在一場雅馬邑的最終評比決定總統大獎的得獎酒時，我就投下和法國名酒評家 Michel Bettane 完全相反的一票。

酒的世界繽紛複雜，也因此所有的對錯黑白、真理公式都不會是絕對的。酒跟所有感官享受的藝術品一樣，總要經過個人的主觀與偏見，情緒與經歷，激盪擦撞，交錯融合，才會流露出一點意味來。

朋友讀了這一系列文章，下了考語：你這是文人飲酒，風花雪月，蟲唧鳥鳴。風花雪月說的是浪漫詩意（大概也有無病呻吟之意），蟲唧鳥鳴大概是指瑣碎無稽（或是喃喃自語）。語中有褒有貶，倒是一語說中作者的飲酒心情。我欣然接受，姑且借來當序言結尾吧。

Part 01

品酒的理性與感性

採
葡萄

我去得早了。

一眼望出去，河谷山丘上葡萄園橫斜交錯，齊整劃一，如織布般的茂盛綠葉中夾雜著斑駁的枯黃嫣紅，像極了細細編織的絲錦綢緞。一串串紫黑色的葡萄串懸吊在綠葉叢下，離地十數公分的高度。每每看到這個我總有疑惑：怎麼附近的野地動物不會過來啃食這些已近成熟美味的葡萄呢？

九月第三週，波爾多的葡萄園裡還沒有人，陽光下，大地一片靜默。白天氣溫在攝氏二十和三十度之間上上下下，夜晚降臨，可以驟降到十度以下。這幾天我從最早採收的格拉夫（Graves）的 Pessac-Léognan 產區，逛到梅多克（Médoc）產區，以及貴腐甜酒出名的索甸—巴薩克（Sauternes-Barsac），就是想一睹葡萄採收的實況，了解釀酒的最初祕密。

過去幾年總有幾個葡萄採收的邀約，可是往往在最後的一刻跑出雜務，影響行程，被迫放棄親身採收葡萄的經歷。喝了這些年的酒，品酒會，參觀酒莊，踩踏葡萄園，了解釀製，訪談莊主釀酒師……葡萄採收彷彿是我了解葡萄酒的最後一塊神祕拼圖。

當然也不是沒看過電視上的報導：採收季節前東歐人像遊牧民族般往西歐湧來，從德國、法國到西班牙、義大利，葡萄採收需要季節性的大量廉價勞力。那些像吉普塞人的老少男女，背著籃子，曬得黝黑，在陽光裡剪下一串串顆粒圓潤飽滿的葡萄，白葡萄晶瑩透亮得像黃金琥珀，黑葡萄紫黑深厚像烏木黑煤，對著鏡頭就是開口一笑。農作豐收的幸福感，我想從古到今，每個地區都是一樣的。

然而釀酒葡萄的採收條件在我淺薄的知識裡不是那麼簡單的。歐洲葡萄一年一季，葡萄園從年初的裁枝犁土除草，四月的發芽除病，五月控制產量，六月生長剪枝，七月結果，八、九月成熟……想釀出好酒的話，每一個階段的葡萄藤都要受到細微的照顧控管，氣候的溫度溼度都要記錄，而最終在接近葡萄熟成採收前幾天最是緊張期待，這時候一點天況的異常——忽然一場狂風大雨或是降霜落雹——都足以讓整年的辛勞付諸流水。

葡萄採收的起始日期並不完全由莊主自行決定，而是由各產地的委員會決定，而決定採收的關鍵是葡萄的熟成與否和氣候的變化。最難的是採收的前幾天，甚至前幾小時，採收工人收編齊整如軍隊，謹慎戒備，蓄勢待發。傳統酒莊時時刻刻仰天觀色，多受幾個鐘頭的光線熱度，葡萄可能更甜熟酸美，均衡感更好；現代酒莊有尖端儀器加持，隨時掌握空氣中的溫度溼度，一點輕微的風吹草動，剛熟成的葡萄可能破壞損毀，從最美好的變成最扼腕的。

即使同一產區，比如波爾多，也不是同一時間採收。通常從左岸的格拉夫這一區開始，而且是位在該城鎮中心五大之一的指標酒莊 Château Haut-Brion 帶頭，然後沿著吉隆德河出海口。決定葡萄採收時間，地理條件是其一。一般說來，白酒葡萄早於紅酒葡萄，而紅酒又得看品種特性。波爾多左岸種植較多的卡本內—蘇維濃（cabernet-sauvignon）因屬早熟品種，比右岸晚熟的梅洛（merlot）更早採收，貴腐甜酒出名的索甸則更晚，為的是等候葡萄乾縮，並染上貴腐黴菌，這個特殊的菌種不會讓果粒敗壞，反而會給酒液帶來一絲獨特的風味，就像我們的東方美人，要經過蟲咬才有奇香。

但微型氣候可能是決定酒莊當年葡萄採收是否健康豐盛的重要關鍵。十萬多公頃的葡萄園，隨山形地勢、河流溪谷而有起伏高低，依陽光霧氣、晨昏冷熱而有微妙變化，每一個變因都可能讓整個年份牛羊變色，天地翻盤。

有一年我去採訪有「最貴的甜酒」之稱的伊庚堡（Château d'Yquem），莊主說有一年採收季節陰晴不定，變化莫測，酒莊有最尖端的氣候偵測儀，一百公頃的葡萄園，七十萬顆樹，二百多個採收工人幾乎二十四小時伺機待命，只要某一塊葡萄園的天候一可能轉壞或是轉好，立刻採取行動。以人工精挑細選最佳的葡萄串（未達標準的剪掉或是繼續留著熟成），一排一排地採摘，歷時兩個多

葡萄採收季節前，東歐人像遊牧民族般往西歐湧來，從德國、法國到西班牙、義大利，葡萄採收需要季節性的大量廉價勞力。

月，每塊葡萄園都採摘過十多次才完成。當然，這種精心細工的採收模式費時費工，僅有少數頂級酒莊負擔得起。那次採訪我嚐到好幾個年份，其中包括這十多年來的最佳年份 1989，除了感受其細緻多變的風格，了解採收過程教人多一份感動。也難怪一支伊庚堡至少三百美金。

葡萄採收是一場人跟自然的對應拆招。

然而再多的經驗累積，再好的尖端科技，都還是需要人下去園裡摘幾顆葡萄品嚐。Pessac-Léognan 產區的名莊 Château Carbonnieux 莊主 Philibert Perrin 帶我去園裡實際摘取葡萄，並解釋：成熟的梅洛葡萄皮要薄，裹住籽的果肉在輕輕擠壓時容易脫籽，且籽呈現黑褐色，這才是成熟葡萄的特徵。但是要了解葡萄的滋味，唯有品嚐。他還說，格拉夫本是石頭名，中文稱礫石，這一帶土層礫石比例極高，這種石頭白天受熱，夜裡散熱，其熱度讓葡萄可以熟得更均勻完美。

很多人以為釀酒葡萄是酸的（所以只好拿去釀酒），其實是錯了。釀酒用的葡萄一定甜美香濃，甚至以品嚐的角度來看，往往過於甜膩。原因很簡單，酒精完全是糖份發酵轉換而成的，沒有糖分甜度葡萄汁就無法發酵成酒。

採收葡萄有人工和機器兩種，成本考量當然是重要因素，但是效率和速度也是：當天空陰霾風雨欲來時，機器的高速掃收確實可以搶救一整年的辛勞收成，尤其是葡萄園面積龐大的酒莊。人工採收自然有人工的好處，可以剪除乾枯腐爛的葡萄顆粒，仔細挑選完整成熟的果串，如上述的例子。

盛收葡萄的籃子也有講究：方形的揹籃，深度不超過四十公分，避免下層葡萄受到擠壓而破果。這也是機器採收不易做到的。葡萄果粒如果破皮淌汁，一來可能遭到細菌感染，二來也可能開始因溫度而發酵。這也是為何採收葡萄往往在清晨氣溫升高之前（四點至十點）的緣故。搶在溫度低，果香最濃郁的時刻（特別是白酒），採收後立即進行榨汁（此時氣候溫度通常在 18 度以下），可以保存最美好的果香。

再來是篩選。葡萄送進大型分離機，以震動方式去梗枝，留存顆粒。少數沒被篩除掉的殘枝敗葉或是壞爛果粒再以人工去除，務必讓即將進行榨汁的都是最健康完整的葡萄。

然後是榨汁，發酵，葡萄變成酒。不過，這是另外的故事了。

「偉大的酒來自偉大的土地、偉大的葡萄。」這句話幾乎是酒界的陳腔濫調，卻是顛撲不破的真理。儘管如此多的煩瑣細節，儘管愈來愈多的技術設備，但這些都是出於對土地自然的尊重。那些出色的釀酒師往往告訴我們：最偉大的，不過自然。釀製好酒的祕訣是盡量不干涉上天給予的。

好酒來自尊重不是操縱，這不只是採收或釀製，也是品酒時該有的態度。

與美酒
談場戀愛

回臺灣過年，和一位久違的朋友坐在山上一家新開的咖啡館聊天。咖啡館位在一個小公園裡，景色不壞，半看城裡的屋樓瓦牆，半看近處的綠樹山嵐。聊著聊著，朋友忽然好奇地問：「像你這樣以寫吃飯喝酒為業的人，是怎麼吃飯喝酒的？」

我經常被問到這樣的問題，朋友的意思是：吃飯喝酒誰都會，怎麼吃喝得比別人更「專業」？需要特殊的訓練嗎？尤其是喝酒，總是需要點專門的技巧吧？

這讓我想起曾任《紐約時報》首席美食評論家露絲·賴舒爾寫的《千面美食家》。裡面作者描述碰到一個愛酒人的品酒方式：他每飲一口酒，就在心裡想像這支酒帶給他的心靈風景，可能是鬱鬱蔥蔥的森林溼氣，忽然飄來淡淡的花香；可能是花草繁茂的花園，各種水果花香，爭奇奪豔；或是潺潺小河在綠茵微風裡輕輕流過。他用心靈想像來記錄每次的品酒感受，一旦將品酒感受轉化成畫面，他就可以將之記錄在自己的品酒記憶畫冊中了。

這是個很個人而獨特的飲酒方式，很少人是這麼喝酒的，或是有能力這麼喝，當然也不是所有的酒都能這樣喝。

喝酒到底有沒有「技巧」可言？差不多所有談到基本品酒的書和雜誌都會教人如何凝神觀色，如何搖杯聞香，又如何捲舌漱口，捕捉氣味。但是，所有品酒的動作也到這裡為止，之後的感官體會，也許真需要有個「譜」，來為捕捉到的感受香味定位。

我一個朋友喝酒心中就有個這樣的「譜」。他說，在他腦裡有個像藥鋪常見的小抽屜，每個小抽屜代表一種香氣，氣味相近的比鄰而居。比如黃檸檬、綠檸檬是一掛的，再過去是橙子、葡萄柚之類的柑橘，再過去是薄荷、青椒，再過去是胡椒、肉桂……他在紙上畫出一個像光譜的圖案，表示香氣的漸層變化。然而這只是簡略的氣味區分，他說，每一種味道如果更細膩地分析，也有屬於自身的變化。

「拿喝紅酒時最常聽到的草莓、櫻桃味道來說，這些水果在青澀、成熟、爛熟，甚至做成糖漬果醬等各種狀態時，其實味道各殊，哪能用草莓、櫻桃這樣單一的字眼來說明，那是小看酒的豐富性了。」所以他向來認為品酒的第一功課是去認真辨識各種天然材料的味道。

學葡萄酒的人都知道，品酒教學上有一種辨認氣味的工具，幾十個拇指大小的瓶子放在一個盒子裡，瓶子上標示著香草、木頭、蜂蜜、櫻桃等喝酒時常碰上的氣味。這工具法文叫 nez，本來的意思是「鼻子」，在品酒時表示酒的氣味。我這位朋友對這個東西很不以為然：「拿來玩玩還可以，認真對待的話就不必了。香氣是活的，有生命的，在這樣的化學工具裡，香氣死板呆滯，沒有變化，也不會有變化。就和塑膠花一樣，做得再像也還是假花，因為根本沒有生命的氣息。」

生命的氣息！這是為何都說酒是有生命的原因。

酒的香氣來自葡萄（也來自其釀存的木桶），品種差異決定它的香氣。你打開一瓶波爾多紅酒，聞到紫羅蘭覆盆子（佳美品種）、熟草莓櫻桃（梅洛品種）或是酸醋栗（卡本內－蘇維濃品種），經常還夾雜著淡淡的木頭味道，那是波爾多紅酒多半在橡木桶內儲存一年半以上的關係。所以你知道這是混合不同比例品種釀製的葡萄酒。

如果你開的是瓶年輕的布根地紅酒，那香味可能是藍莓、草莓、覆盆子，甚或桑椹，釀得好的，香氣活潑靈動，輕巧雅致，很難不讓人——尤其是男人——想到青春正盛的純情少女。這裡不涉及將女人物化的性別歧視，或是男性沙文的論調，單單只是一個喝酒愉悅的想像罷了，一如剛才將酒想像成美景佳境。

於是許多品酒作者喜歡用描述體型的文辭來形容對酒的感受：肥碩、清瘦、豐腴、優雅。聞到紫羅蘭香氣，不就讓人聯想到女子的脂粉

RAMOS PINTO
PORTO
VINTAGE 20
S PINTO
ERVAMOIRA
Porto
Ramos Pinto
VINTAGE
2.000
€:44,00
PORTO
RAMOS-PINTO
ADRIANO RAMOS PINTO & IRMÃO Lda-PORTO

胭香嗎？酒的香氣也有粗俗細雅，像各種人品，渾身灑滿香水的性感女郎，或是庸脂俗粉的阻街流鶯。不過，我一個葡萄酒作家朋友則喜愛用「肌肉壯碩」、「骨骼雄武」這般形容男子的字句來描繪。

這些辭藻不管是否性別上的「政治正確」，說穿了都只是美食作者表達感受的工具而已，和品酒的抽象體驗還是有距離的。

品酒聞香或許有一個客觀的，可以掌握的「譜」，但是予人的感受顯然是主觀的，每個人記錄這種感受的方式也很個人。用一句中文的成語就是：「寒天飲冰水，冷暖自知。」

能不能夠以文字修辭表達這種感受和品酒的功夫不見得有絕對的關係。我另一個愛酒如痴的朋友向來不記任何品種、產地、年份或是香氣，少數記住的酒莊名字比拍賣場上的酒款還少。但他也不是一勁兒地傻喝，每次喝到對他胃口的酒，總是非常陶醉、享受。他品酒全憑直覺與當下的情緒，用最直接的感官語彙和酒廝磨對話，談到那些讓他如痴如醉的好酒時，詞窮語枯，有限得很，通常就是一幅欲死欲仙的神情，外人完全難以揣度他內心的極樂世界。

在專業者眼中，他大概無法是功力深厚的品酒大師，在我眼中，卻是真正的愛酒人。打個比喻，品酒專家像愛情學家，對於理論分析頭頭是道；而他卻是個真正在談情說愛的戀人，直教死生相許的那種。

許多人因為無法精確地掌握對酒的香氣和風味，和人論起酒來總有著搔不到癢處的挫折感，而以為自己老是進不到葡萄酒的世界裡去。我卻以為，喝酒以樂趣為重，以想像為輔，以心情為上。品酒喝酒到最後，總是有個風格的，屬於你自己個人風格的品酒方式，簡單地說，一個爽字。就像吃飯一樣，吃喝的經驗愈豐富，你的味蕾和脾胃愈能包容和寬納，但也會愈清楚自己的喜愛和偏好，不必在意他人的看法意見。

想懂酒品酒，多喝而已。但不是牛飲無度或是豪氣乾杯的多喝，而是比較著喝、仔細地喝、用心地喝，把每一口都喝進心裡。剛才提到的那個葡萄酒作家朋友曾說過：「喝酒像談戀愛，我們總是在尋尋覓覓，愛恨交織中期待遇上知己。」

唯一不同的是，酒的世界裡，你可以同時愛上好幾個，而每一支酒與你相愛交融的時間其實很短，幾個鐘頭而已，一旦瓶底見空，一場愛戀也就結束了，殘留回憶。「人生苦短」四個字在酒的世界裡格外有價值。

年齡的祕密

一次和朋友聊天，開了一瓶波爾多的 Fourcas Dupré Listrac-Médoc 2001。當時酒齡有五年且已經開瓶醒了半個鐘頭，喝起來單寧還是有點緊澀，入口濃郁但不滑順。這不是缺點，表示酒的結構嚴謹結實，只是開得早了，再等幾年肯定更有味道。酒沒助興，閒話完了，還剩三分之一，用瓶塞塞住，放進冰箱裡。

隔天晚餐把酒從冰箱裡找出來，放著，趁做菜之際讓酒略略回溫。打開倒入杯中，這支酒簡直變了個樣，香味飛揚飽滿，靈動活潑，一嚐之下，完全是另外一支酒的樣態，柔順圓潤，和前一天的堅硬乾澀判若兩「酒」。直到最後一滴，都讓人非常回味。

這兩天和朋友在餐廳吃飯，點了一支布根地 Volnay 1996 年的紅酒。餐廳侍者認為這支已有十年以上酒齡，先開了放在一旁醒著。前菜

上桌時酒跟著上，黑皮諾（pinot noir）品種獨有的清爽果香已經氣若游絲，奄奄一息，以菌菇、可可為主的氣味單薄呆滯，死氣沉沉。等到主菜上來時，這支十多年的老酒已經無力陪我們用完這頓飯，酒體軟趴無力，沒有變化，沒有起伏，像個洩氣的皮球。我看著剩下的半瓶，無奈地點了個巧克力蛋糕當甜點——本來還寄望開瓶之初淡淡溢出的可可香可以一路相陪到底，誰知這酒早就魂飛魄散，離棄我們這美好的一餐，飄然而逝了。

一支酒到底開瓶後要醒多久是喝酒人的難題，而酒的生命多長，更是該酒的神祕底蘊所在。六年的酒當然談不上老，十年也未必，端看什麼產地什麼年份，還得看哪種葡萄釀製。

如果以上述兩支酒來說，或許可以找到一點釀酒學上的解釋。波爾多產的Listrac-Médoc以梅洛、卡本內—蘇維濃和卡本內—弗朗（cabernet franc）為主要釀酒品種。梅洛肥美圓潤，卡本內—蘇維濃和卡本內—弗朗堅硬扎實，兩者合併取其平衡。然而梅洛比卡本內—蘇維濃容易氧化，也因此更容易老化；反之，卡本內—蘇維濃和卡本內—弗朗比較容易禁得起時間考驗。不同比例混釀的，要預測它的熟成變化不是簡單的事，何況還有其他因素如保存條件等會影響它的陳年。

黑皮諾葡萄釀的酒，以其嬌貴纖弱出名，釀得好的固然可以歷經數十年的歲月熟化而更見風姿神韻，但是一旦開瓶見日，比其他品種的酒更禁不起空氣的碰觸氧化。我碰過幾次陳年數十年的布根地，開瓶後像是重見天日的千年木乃伊，剎那間內，灰飛煙滅，成了一瓶死水。我滿心的期待也跟著煙消雲散。可是那些極能耐住時間侵蝕衝撞的，不僅將時光的祕密內化至底，更有一股獨特的優雅迷人，開瓶後才將其一生的變化從年輕的活力四射到熟成的沉穩細膩，一一演化出來。

關於酒年齡的祕密，從來不是如此容易找到解答的。尋找解答的企圖也經常落空，白費功夫。

一次在有機葡萄酒酒展，一位酒莊莊主很無奈地跟每個來品酒的人解釋，他帶來的這支酒，上個月他打開試喝的時候，香味飽滿四溢，酒質非常開放。無奈事隔月餘，這酒卻整個封閉起來，像隻緊閉的蚌殼、收斂的花苞，不露一點生息。莊主還說，有機葡萄酒的生命週期經常比其他酒更難逆料，一般酒有其合理的邏輯與生命軌跡可尋，有機葡萄酒卻常常峰迴路轉，起伏跌宕，令人捉摸不定。

我其實不是很相信這樣的說法。搞神祕可以讓東西變得更有魅力，玩過頭，卻只是叫人疲累。絕大多數的葡萄酒購買指南都會標出某支酒已達適飲期，還是可以再存放多少年。這也只是參考用，侍酒師、專業品酒師踢到的鐵板不見得少於你我。2003 年法國遭遇百年大旱，該年多數產區葡萄酒被預告為百年難得的世紀年份，今天看來，這一年過熟過甜皮厚汁濃的葡萄顯然難倒很多不曾釀過如此收成葡萄的釀酒師，很多酒根本無法存放太久，這兩年就是最好喝的狀態了。曾被預告為長命的世紀巨人，後來卻只是個短壽的尋常侏儒。

葡萄酒不是青春永駐的睡美人，在地窖幽暗處沉睡安眠時也還一點一點地變化著。白馬王子吻醒的是風華正盛的貌美公主，還是風韻猶存的半老徐娘，誰也不知道。

巴黎拍賣會場 Drouot 有時會拍賣些來歷不名的老酒，哪個孤獨老人過世留下一地窖灰塵覆厚的酒，或是誰將某個莫名繼承的家當清算變賣。買這種酒風險大，因為來歷不明，也沒人保證這些酒是否保存妥當、值得花錢，酒標年份經常都已經風化毀損得無法辨認了，向來不是收藏家的愛好。偏偏我有個法國朋友對這些神祕的老酒特別沉迷，他喝酒跟賭博沒什麼兩樣，賭到好酒，樂不可支；賭到爛酒，自嘆自艾，怨不得別人，倒更引起他去標購下批怪酒的癮。有段時期他特別熱中去標購這類的奇怪老酒。

一回，他找我去喝一支他標到的酒，標籤雖然破損不堪了，從瓶身形狀還是可以辨別得出是布根地的，年份倒是清楚得很：1927。至於酒莊名字則約略猜出可能是 Domaine Georges XXX 之類的。我們好奇，翻遍了手邊的酒書，確信這酒莊早就不存在了。經過七、八十年的歲月，裡面只剩下約三分之二的容量。

拔開瓶塞不是太難的事，難得的是軟木塞並未損壞到空氣可能滲入氧化的程度。聞聞軟木塞原本塞在瓶內的一端，沒有腐敗的木頭氣，這是好現象，表示酒可能還沒壞。倒出來看，已經是很淡很淡的磚橙色，有點濁，這是正常的，過去釀酒是不做澄清處理的。不過雜質沉澱後，還是有著不錯的清透亮度，又是一個好現象，表示這酒該算是很健康。

香氣一如其年紀，飄散得徐緩龍鍾，若有似無，酒精成分幾乎消失

葡萄酒不是青春永駐的睡美人，在地窖幽暗處沉睡安眠時也還一點一點地變化著。

殆盡，入口後的果味稍縱即逝，味道還是清淡雅致，近乎簡單樸質，有一種悠遠的況味。剎那間，我相信自己的味蕾探索碰觸到了遠年的陌生時空，感受到奇詭的宗教性的神祕氣息。時間宛若靜止，酒魂如幽靈般在某個次元中漠然存在著，然後，消失了。

很長一段時間，我很鄉愿地想著，冥冥中這支在某個地窖裡深埋暗藏多年的酒是為了讓我品嚐而存在的。一旦彼此相遇，也就完成了這個神祕的機緣。

每年三、四月是試飲波爾多酒新酒的時期，受邀的記者品酒專家們為前一年年份的酒「定調」：好年份壞年份、氣候的影響、葡萄的收成⋯⋯重點雖是未上市的新酒品嚐，部分酒莊也會端出即將上市的前一年和上市不久的年份，一來可以追蹤前兩個年份的熟成變化，二來可以比較同一款酒不同年份的差異。慷慨大方的酒莊不惜將幾年前，或是過去曾被誤解為不佳、但實際上卻熟成得非常好的年份拿出來招待。

幾天前我參加了承傳兩百多年波爾多家族 Aubert Vignobles 的品嚐會，旗下有八個莊園，其中如 Château La Couspaude、Château Saint-Hubert、Château Jean de Gué 都名聲頗佳，我尤其喜歡他們不追逐過度橡木桶、過度肥美的潮流，始終堅持均衡的風格。2006 年的葡萄收成不是特別好，剛繼承釀酒工作的兩個年輕女釀酒師的手底下卻依然有著細緻的單寧和優雅的風味。

晚宴的最後兩支是 Château La Couspaude Saint-Emilion Grand Cru Classé 1998 和 1990，用來搭配巧克力甜點。98 年現在喝起來仍然

年輕有勁，顯然還有幾年的熟成潛力；90 年則已進入穩重的顛峰壯年，每一口都深沉殷實，從舌尖至喉底，溫煦柔和，味蕾不曾遭遇一絲的唐突刺激，但是清爽的酸度仍在。「這酒好！」我隔壁美國知名的葡萄酒作者對我說。當然，二十年以上的等待啊！

蜉蝣一日，樹木百年，多久的時間算一生，實在難說得很。酒的生命哲學，有時也像試問人生的意義：是當下即時享樂，還是期待明天會更好？

老酒如那寂滅的雪花

最近養成在旅途中逛葡萄酒專賣店的習慣。

上個月在法國諾曼地省的首府盧昂（Rouen）參觀大教堂，誰知教堂整修，又值法國冬季折扣開始，文化之旅變成血拼購物之旅。法國每年兩季、為期一個月的大打折幾乎是全民運動，所有的商店百貨公司賣場都是熱鬧滾滾，少數不打折的商店冷清悽涼，酒專賣店是其中之一。

葡萄酒是屬於極少折扣的商品，有的話也只是九折、八折，折扣過低的酒都會被懷疑是否過期或是儲存狀況不佳。畢竟葡萄酒不是服飾，無法從外表看出缺陷或變質，等買回家打開來喝——經常是放幾個月幾年再開——有問題的話也來不及了，只能自認倒楣。

我無意中逛到的這家酒店以烈酒著名，有些罕見的威士忌、干邑、雅瑪邑和伏特加。我東瞧西瞧，忽然看到角落有個小階梯深入地底——顯然是個地下酒窖。

「地下室還有些酒，有興趣的話可以下去看看。」老闆很熱情地說著。我巍巍顫顫地走下石階，階級中間因長年的踩踏而變得凹陷光滑，一股冷冷的涼氣緩緩撲上身來，帶著地窖常有的淡淡霉味——好的酒窖多半有的味道。

孰料地下儲藏空間比樓上店面大幾倍，藏酒更豐富，不過多半集中在波爾多和布根地兩個產區，但是我很快地被角落架子上數十支瓶身布滿灰塵蛛絲的酒吸引過去。

都是些老酒。有些只是瓶身積塵髒舊，有些則老到酒標都已經破碎，酒窖光線本就黯淡，這個小角落更是幽暗靜謐，飛塵在幽光裡浮游，彷彿有個無形的護罩攏住。

我對老酒瓶別有鍾情。酒瓶總是特別沉重，因為過去玻璃製作技術的關係，瓶壁厚實，拿在手裡似乎連歲月都有重量。深綠色的酒瓶比現代的更深更不透明，自然是憂心儲存時過度見光，破壞酒質。瓶底凹處尤深，是當時沒有過濾，考量倒酒時避免倒出過多酒渣的設計。

有時酒標紙泛黃了，因黏膠乾掉而脫落，紙質未能抵擋歲月侵蝕，開始風化，忍不住地一摸，常常紙碎如塵，憔悴紛落，我總是一驚。標籤字體很有古味，哥德字體有時鑲著金邊有時上色——然而連顏色也老了——某個時代的流金風華在這一方小紙片上成了歲月印記。想像當年如此酒標的璀璨輝煌，可能還帶點手寫的質樸笨拙：酒還是農產品、是工藝品，而不是工業產品商品的年代。

我意外地發現地窖角落這幾支都是還不壞的、產地不錯的年份：1959、1979年的Nuit-St-George，1961年的Pouilly Fuissé……等，現代農藥未被大量使用，求質不求量，商業的魔手尚未伸到釀酒人心的時代。我小心翼翼地拿起一支年紀比我還大的Pouilly Fuissé，對著微弱的燈光看，儘管再輕柔細膩的動作，都難免驚動瓶底的酒渣：酒渣如雪花在瓶裡曼姿飛舞，像小時候玩的裝了水的玻璃球，轉一下球身，激起的細碎雪花，也激起很多對遠方異國的想像。

老酒難免這樣：酒液的水平會比正常時低一些，是歲月喝掉的。然而我眼前這一排同一酒莊同一年產的，五十年的老酒的水平卻是支支不同，顯然是揮發的速度和保存狀況不一的緣故。倒也不一定是來自不同酒窖或主人所致，因為即使是同一酒窖裡不同的溫溼度都會造成變化的差異，一年、兩年看不出有別，四、五十年，像樹一樣，就足以放大時間變化和最細微處。當然更可能是瓶塞品質好壞和變質造成酒精揮發速度不相同。

然而最最迷人的是酒的顏色。雖然隔著深綠色玻璃瓶身，很難得知正確色澤，但是可以肯定絕不是年輕新酒那種明亮剔透的淡青淡黃，或是清新可喜的金黃鵝黃。老的白酒是琥珀色，是老金色，是有厚度的淡橘色。或許還不只這樣，隔著如許的年月看到遙遠的過去，醇厚豐柔，那種軟綿的厚度簡直是可以摸到的——雖然是隔著

我對老酒瓶別有鍾情。酒瓶總是特別沉重，因為過去玻璃製作技術的關係，瓶壁厚實，拿在手裡似乎連歲月都有重量。

CHÂTEAU
1918
Château
SAINT-EMILION
1926
Château
1929
Château
1919
Château
1949

瓶子。

我最後當然是忍不住買下了兩支，火車上東搖西晃，兩百公里的激盪帶回巴黎後，放在櫃子裡最陰暗處讓它們休息幾天。

過年前去一個朋友家吃火鍋就帶了去。

幾個朋友有段日子沒見，微甜的香檳很開胃也很助興，不必酒酣耳熱就很有氣氛了。豆腐白菜、海鮮肉片在小小的湯鍋海上，往來交錯，騰騰上蒸的熱氣和扶搖直上的香檳細泡讓大家的情緒都很愉快。可是香檳很快就喝光了。我去拿餐前就開了擺在窗外冰涼著的1961 年的 Pouilly Fuissé。

倒入酒杯時，那股猛然湧出的香氣只有「百花齊放」可以形容。酒的香氣穿過火鍋的熱氣瀰漫在餐桌上，那些存封了半個世紀的花香果香柔美而凝重，並沒有遭到周圍的其他氣息影響而流散，反而更凸顯其雍容與優雅。

我沒有多做關於這支酒的解釋，但是本來一桌的喧譁熱鬧忽然間靜了下來，大家彷彿都被這酒震住了：火鍋消失了，沙茶醬消失了，豆腐白菜海鮮肉片消失了，老酒媚惑如太空黑洞，如千年老妖，將你吸入屬於它自己的異次時空，懸浮、失重，像嗑藥一樣。

然而那神奇的靜默的一刻在某個人開口說話的剎那就消失了，語言和意識忽然醒過來了，所有的人又回到 2008 年底的某一天：「哇，這酒好香！真好喝！這是哪個產地的？」「61 年？」「這麼老了還這麼讚？哪裡找來的……」

我微笑著一一回答問題。然而我心裡在想，在這樣匆匆忙忙的世界裡，什麼都很快速的生活中，這樣的喝酒經驗很像老天爺憑空開了一扇通往過去的時空之門，有緣者始入。

窗外忽然飄起雪來，那雪觸及地面，教人未及看清那美麗的六角形雪花結晶就消融了。老酒也是剎那寂滅的雪花，只是飄落的時間很長很長罷了。

老酒滋味，
人生況味

最近為了找一支朋友出生年份的酒來慶祝他五十大壽，意外發現一個賣酒的法國網站，而且有不少來路不明的老酒。

這是個奇怪的網站，賣的酒其年份從1900年到最近的2005年都有，從很貴的百年以上高價三千歐元的雅瑪邑到一瓶不高於十歐元的便宜小酒都有。大多數是法國酒，有時也摻雜幾支西班牙、義大利的。多半是葡萄酒，也有甜酒烈酒，還有圖片，點進去瞧瞧，還會告知酒的標籤是否毀損，酒的水準是否正常或是揮發掉而過低。仔細看，不少知名酒莊的酒都在裡面：Château Margaux、Château Haut-Brion、Château Mouton Roschild。剛才又上去看了，赫然發現著名的Domaine Romanée-Conti和我心愛的Henri Jayer都在上面，而且價格遠低於市價。

Curée 1972

總之，差不多關於一支酒的資訊它都提供了，獨獨缺了關於老酒最需要的一點：保存狀況。

我可以想像這些酒可能來自哪個後繼無人卻一生愛酒如痴的老先生、老太太，身後被拿出來清倉變賣，所以完全無法以市價來評估販售，而買家也要自己承擔其中可能的風險。

這是為何這些酒（尤其是老酒）可以遠低於市價的原因。該網站不保證這些酒的真偽，亦不保證酒的品質狀態。換句話說，在這裡買酒是件冒險的事。可是，看這些酒單，夢想可以品嚐這些年紀比我大好多好多的酒，實在是件該死的誘惑人的事。

一支 St-Emilion Grand Cru 1969 年才三十五歐元，同樣的錢也可以買到一支 Chassagne-Montrachet 1964。再加個十歐元就可以有一支 Château Raussan-Ségla Margaux Grand Cru Classé 1964 或是 Nuit-St-Georges 1er Cru 1967。哪個愛酒的人能抵擋得住這樣的誘惑？

對老酒下手要先了解年份和酒莊，以及那些酒——就算保存良好——是否可能支撐得起這麼久的儲存？當然，有時不知名的酒莊也可能有出人意外的驚喜。我生性保守，不敢朝太老的年份下手（年份愈老，風險自然愈大），十年十五年對非頂級酒莊的波爾多或是布根地酒都是走鋼索了。

我把網站傳給一個葡萄酒作家朋友，希望他給點建議。他寫信來說：「買這種酒像買樂透，要自己買才有中獎的樂趣。」

看得我心癢，手也癢，兼又天生賭徒個性，忍不住下手買了兩支 Echezeaux Grand Cru 1994。布根地的 Echezeaux 區約有三十八公頃，其中的酒莊還不少，是個好壞差異極大的一塊葡萄田，品質不比隔鄰的 Grand Echezeaux 來得整齊，但是知名度卻很大，在國際市場上光靠這個名字就可以輕易賣出高價了。

過了兩星期，酒送到了，包在很漂亮的半透明薄紙裡，酒身潔淨，酒標完整，不像躺在哪個陰暗溼潮地窖裡二十多年的樣貌。當晚我就拎去朋友家吃晚餐。我沒有先醒酒，有些老酒迷人珍貴的水果香氣，一開瓶就散逸，沒嚐到就可惜了。

開瓶後，這支 94 年的 Echezeaux 有點沉滯，是個蹲坐在那裡的舞者，看不清姿態身影，不知何時會翩然起舞。但是不久後就緩緩地釋放出優雅的氣息，花香果香，層次徐進，一晚三小時的晚餐它始終，舞——姿——曼——妙，變化不斷。這是支很成熟的酒了，我很慶幸在它最顛峰的時候遇上，將它從不知哪個被冷落深藏多年的角落裡帶出來，盛入一個配得上它的身分氣質的水晶酒杯裡，然後和幾個愛酒的朋友品嚐它最華麗的生命時刻。

如果我們把酒的生命畫成曲線，多數的線條將是拋物線，從底往上攀升，到了頂峰，慢慢下降，一如所有一切有生命的東西。然而，有些酒的生命曲線爬升得緩慢些，顛峰期短些，下降得快些。也有的爬升得奇快，顛峰期維持很久，老化得很慢。你永遠無法知道遇上一支酒的時候是在它生命的哪個階段，在它活潑雀躍如青春少女或是風韻徐至如美麗貴婦的時候。也有的酒，一過青春就老死，始

你永遠無法知道遇上一支酒的時候是在它生命的哪個階段，在它活潑雀躍如青春少女或是風韻徐至如美麗貴婦的時候。也有的酒，一過青春就老死，始終也沒成熟豐富過。

終也沒成熟豐富過。

我們這個時代，時間就是金錢，時間甚至比金錢更值錢，過去二十年車庫酒莊風潮釀出不需時間醞釀即豐滿易飲的酒，就是將時間在酒身上的價值轉換成金錢，我們不再需要花二十年等著開一瓶酒，這一波風潮讓部分酒莊的酒價一飛沖天，創造了幾個酒界奇蹟。然而風潮二十年後，愈來愈多人懷念七〇年代前祖父一代留給我們的老酒了。

二十一世紀的釀酒人會留下什麼樣風格的酒給四、五十年後的人？我不知道。但是時間從來都無法用錢衡量，在葡萄酒的生命裡尤其如此。品酒，其實就是體驗生命的變化和熟成啊。

酒國的
金錢遊戲

每年四月開始是波爾多葡萄酒的新酒試飲，來自全世界重要的酒商、採購、品酒師、記者等都聚到這裡，試嚐前一年採收但還在釀製的新酒，並給予評分。這些葡萄酒相關專業人士的分數（尤其是 Parker、*Wine Spectator* 這樣的人物和媒體），通常就決定了這家酒莊該年份的定價（雖然之後還可能再調整分數）。

這項被稱為新酒（en primeur，或翻為「期酒」）試飲且預售活動只存在波爾多產地，也僅關係到頂級酒莊而已，一般波爾多酒或其他地區都沒有（即使酒價不輸波爾多五大的布根地名酒都沒有）。但是這些新酒還要等一年半至兩年才會裝瓶上市。就在這一、兩年間，好年份會隨著市場供需、世界經濟榮枯而漲跌。

過去二十年，受惠於葡萄酒市場的成長和新富階級，電子新貴的出現，頂級波爾多不僅被買來當作階級表徵的消費品，同時也是極佳的投資產品，一如股票基金。名酒莊好年份有時可以在新酒試飲和裝瓶上市間的一、兩年裡漲好幾倍，很多人訂下尚未釀好的新酒，也根本沒拿到手，再脫手賣出，就賺了一筆相當可觀的利潤。買空賣空，葡萄酒不再是一種被品嚐的消費產品，而是類似金融商品的期貨。

可是，無論再頂級的酒莊，其實酒的成本大約在十～十五歐元之間罷了，市場價格卻可以高達上百甚至上千歐元，可想見其間被各方覬覦的商業利益有多大。

2003 年法國遭遇前所未有的熱浪（上個世紀只有 1947 年的酷熱氣候可相比），葡萄極熟，產量極少，媒體喻為世紀年份，造成波爾多酒價飆漲，很多人競相搶購，連平常不太儲酒的人都下海搶購。兩年後，03 裝瓶上市後，經過兩年的熟成變化，對於這個「世紀年份」大家開始有不同的評價和雜音出現。酒價於是冷卻下來，不是每個酒莊的酒都一路繼續上漲，只有真正認真篩選葡萄，釀出結構扎實好品質的酒才繼續維持高價。有些酒因為不如預期，價格反而下跌。

現在葡萄酒界對波爾多 03 年的定論不再是所謂的「世紀年份」，而是「考驗釀酒功力的年份」，因為氣候過熱，葡萄過熟，很多釀酒師從未遇上甜度如此之高，酸度如此之低，葡萄皮又厚的葡萄粒，使得許多酒釀成後過於甜熟，失去結構與均衡，無法久存。

過了一個被認為平庸無奇的 04 年（現在看來其實是被低估了的年

份），05 年再度掀起波爾多酒的狂潮，這回不僅又是個世紀年份，還是個完美的年份：氣候該熱的時候熱，該冷的時候冷，該下雨就下雨，該乾燥就乾燥。從犁土裁枝到開花結果，這一年葡萄生長的條件簡直是上帝為葡萄量身訂作的。採收季節的葡萄健康飽滿，單寧細緻優雅，酸甜均衡，產量豐富。所有的評論對這一年都讚賞有加，宣稱這是百年一遇的超級年份，過去僅有 45、49、59、82 幾個少數年份可相提並論。

可以想見價格當然再度狂飆，又逢世界經濟也是一路攀升的榮景，05 年的波爾多價格（甚至法國其他產地）都是歷史新高，不同於 03 裝瓶上市後的不一評價，一般對 05 的斷論仍是個超級年份，儲存潛力很強的一年。

嘗了這個甜頭，06、07 兩個讓人失望的年份只是讓炒作葡萄酒的投機熱稍稍降溫，價格仍維持高盤，雖然有些酒莊隨著品質而調降價格，但是降幅不多，尤其是糟糕的 07 年。著名的葡萄酒雜誌 *Decanter* 對波爾多酒莊和中間酒商聯手撐住高價的手法批評得很直接而不留情：貪婪。

但是不要忘記，兩個年份的酒 06 才裝瓶上市，07 則要再過一年才會出現，而從 2008 年八月開始的金融風暴先是沖垮了英美兩個最重要的葡萄酒市場，接著日本和蘇聯新富也倒下，隨著石油價格大跌、受到雙重打擊的中東富豪財產也大幅縮水，加上 08 年的氣候極糟，酒質並不被看好，於是 09 四月的新酒試飲成為波爾多酒近年來最大的危機。

2003 年法國遭遇前所未有的熱浪，葡萄極熟，產量極少，曾被媒體喻為世紀年份。

08 新酒試飲的危機從年初就露出訊息：受金融風暴重擊的英美兩國的買家和中盤商很多宣布不來波爾多參加試飲，有些更宣告放棄06、07 兩年的訂貨，已支付部分訂金認賠殺出。中盤商突然手上多出 06、07 兩個年份要脫手，又遇上品質預期不佳可能賣不掉的 08年，很多可能要關門倒閉了。

就在此時，著名的酒莊 Château Angélus 先出來表示將 08 年的價格將低於 07 的 40%，然後是五大之一的 Château Latour 也同樣降價四成（07 年現價二百九十歐元）。這兩家酒莊都是頂級酒莊，也都有指標意義，儼然將是一場雪球愈滾愈大的降價趨勢。

只是大出眾人意料，有呼風喚雨、點石成金本領的葡萄酒界教皇Parker 給予 08 年新酒的分數出奇地高，幾乎跟傳奇年份 05 相差不遠，讓原本低迷的 08 年買氣忽然翻盤，從無人問津到成為搶手貨。在 Château Angélus 和 Château Latour 宣布降價之際就訂貨的人，現在再出手賣掉，就現賺了一筆。等 Parker 分數出現才定價的酒莊自然躲開了大降價這顆雪球的致命之擊，繼續維持高價的姿態。

可是很多最早訂下 Château Angélus 和 Château Latour 的人其實都是這兩大酒莊的忠實酒迷，願意不計代價支持，對這些死忠酒迷來說，這場價格起伏不定的炒作，只是一場銅臭氣息濃厚的金錢遊戲，無關愛酒，真是情何以堪。

類似這樣的事情 82 年就發生過一次了：當時也是 Parker 力排眾議，將原本非常被看壞的年份分數拉抬得極高，讓一個危機年份成為傳奇年份，也讓 Parker 一舉成名，真的成為酒界的教皇。82 年的波爾多以今天角度看，確實是最近二、三十年來最奇特而完美的一年。

危機年份也好，傳奇年份也好，金錢遊戲讓真正的酒迷與好酒愈離愈遠，反倒是許多對酒一無所知的投機客手上擁有不少頂級好酒等著高價出售，大撈一筆。這些人卻可能是滴酒不沾的。

2012 年出乎所有人的意料，Château Latour 拒絕再玩！宣布不再玩這種新酒預售，買空賣空的金錢遊戲，也不再讓酒評家品嚐那些沒釀好的酒。可是捍衛傳統不遺餘力的頑固法國人可能改變嗎？何況中間牽扯太大太誘人的金錢利益。套句名主播的話：「讓我們繼續看下去。」

只有真正愛酒的人才知道，分數和價格都不是文化，把好酒當古董擺設做裝潢還是珠寶鑽石，密鎖在酒櫃裡的也不是，酒的文化只有一種：用心喝下去的那一種。

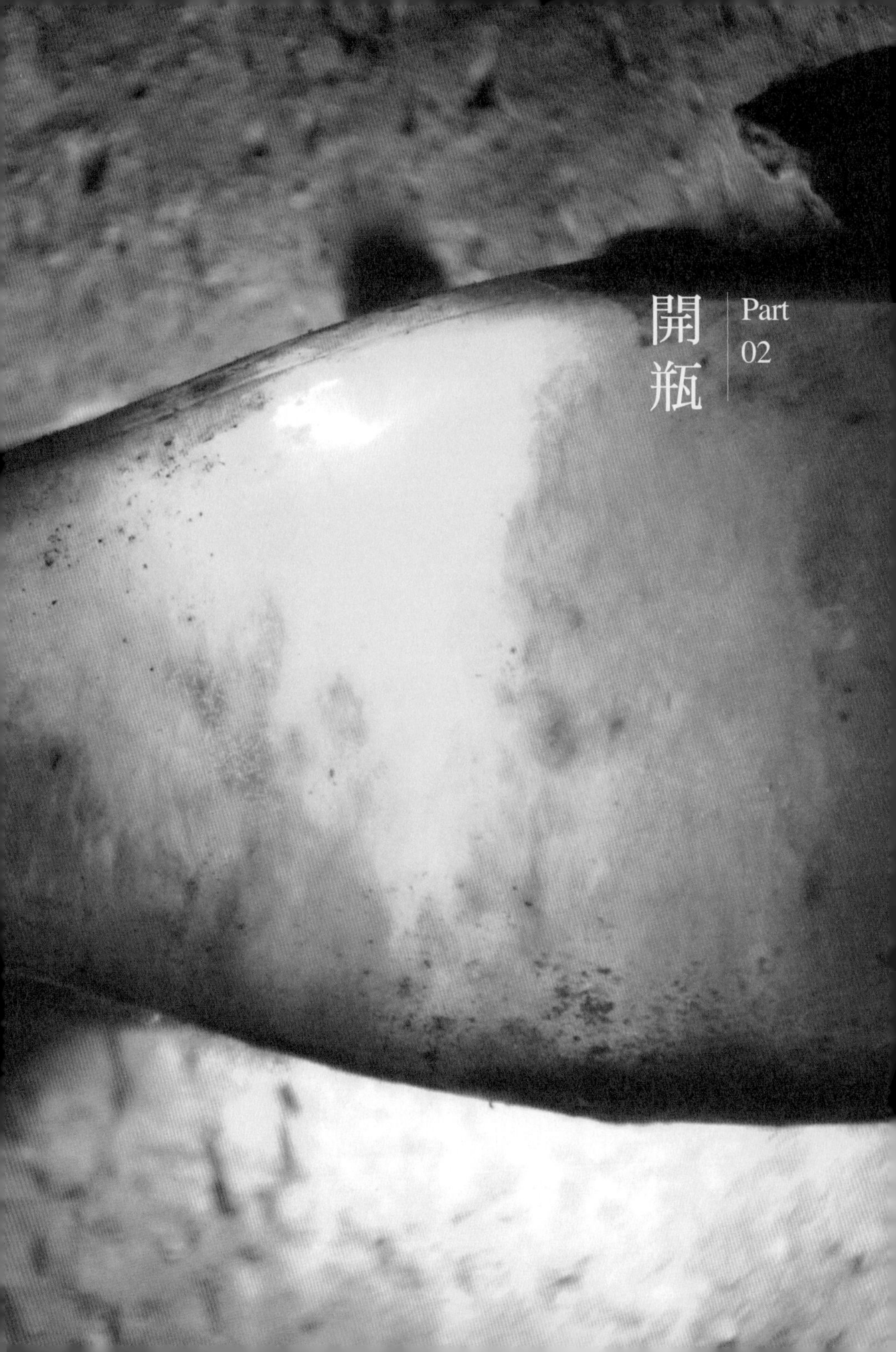

開瓶 Part 02

酒如人，不能以貌取

——波爾多

信不信，喝波爾多酒的人成千上萬，搞得清楚的沒幾個。至少很多等級分級我就始終沒弄懂。

聽過波爾多五大酒莊吧？其實波爾多酒莊何只五大！我們常聽到的 Mouton Rothschild、Latour、Margaux、Lafite-Rothschild、Haut-Brion，或是 1855 的排名，多少可以反應品質和價格，但不是絕對，經常也是個陷阱。1855 排行說起來算是葡萄酒歷史上一個美麗的意外。

1855 年巴黎舉辦萬國博覽會，應吉隆德省博覽會參展委員的要求，請波爾多商會提供其產區內的優秀酒莊參展名單。當時波爾多商會主要由葡萄酒經紀商主持，他們就依據當時市場上價格最昂貴的酒莊作出兩份排名，一份紅酒（共五十七家入選），一份白酒（共二十一家入選）。我們經常可以在標籤上看到這樣的字樣：Grand Cru Classé en 1855（有時簡稱為 G.C.C.），指的就是列名 1855 年這兩份紅白酒名單的酒莊。

這個名單無論紅白酒，以今日來看都很有問題。五十七家紅酒酒莊分成五級：一級（1er cru）、二級（2ème cru）、三級（3ème cru）、四級（4ème cru）、五級（5ème cru），所謂的「五大酒莊」就是名單上最高等級一級裡的五家。

問題是，當年開列名單的波爾多商會所經營買賣的都是左岸的酒，雖說是波爾多產地，卻沒有一家右岸的酒莊入選在內，但這不表示右岸的酒水準不如左岸，純粹是當時葡萄酒經紀商並不經營右岸的行銷。即使五大中，也僅有 Haut-Brion 是在格拉夫地區，其餘都在上梅多克區（Haut-Médoc）。所以這份排名僅能代表左岸梅多克區，對整個波爾多來說並沒有全面的代表性。

而白酒名單，也是根據當年流行的貴腐甜酒所選定的，因此都是索甸和巴薩克兩區的甜酒，共分成優等一級（1er cru supérieur）、一級（1er cru）、二級（2ème cru），干白酒完全被摒除在外。貴腐甜酒的超級名莊伊庚堡就是唯一的特優一級酒莊。

這份比較像是那個時代的市場調查表，在當時不怎麼被重視的排名，卻在戰後葡萄酒業起飛，法國酒大量外銷後，尤其是喜愛排列高下的英美市場，成為重要的購買指標。

面對左岸酒莊搭著上述歷史排名的順風車在海外市場風光賣酒的波

爾多右岸酒莊，也想來個同樣的方式賣酒。不過右岸兩大產區聖愛美濃（St-Emilion）和波美侯（Pomerol）的情形則非常不同。

聖愛美濃的分級早在 1855 年就有了，但是認真執行並受重視的分級名單要等到百年後（1958 年）才確立。分成一級特等 A 組（1er Grand Cru A）、一級特等 B 組（1er Grand Cru B）、特級（Grand Cru Classé）。超級名莊如白馬酒莊（Château Cheval Blanc）、Château Ausone 就是一級特等 A 組的酒莊；

聖愛美濃這份特級名單是由一組獨立的委員每十年重新審訂檢討，依據出產的品質、莊園的土質氣候等客觀條件，以及市場價格，對排名重新評估。這個嚴謹的管制和定期評鑑讓列級酒莊不敢掉以輕心，小心維持其優越的條件和品質。聖愛美濃的特級酒莊至少比左岸 1855 年那個百年不變的排名——許多酒莊早就易主換人或是分家改組，早就名不副實——更能提供買家保證和信心。

然而法國酒業是個既根深又頑固的文化傳統，想做點變革，往往引來一陣吵亂撻伐。2006 年是最近一次檢定重排，公布結果卻引起一陣喧譁，有人服有人不服，最後由法庭仲裁，這份排名被取消了。

事隔幾年，2012 年聖愛美濃再度洗牌，重新排行。這次最大的變化是將原本在一級特等 B 組的超級名莊 Château Angélus、Château Pavie 升進 A 組裡，和白馬酒莊、Château Ausone 同起同坐。當然，歷史總是一再重複上演的。對這份新排行，再度有雜音出現，也再度有人告進法庭，要求取消排行……

只是我始終沒想通的一點是：在聖愛美濃這一區裡，未能列級的酒莊若某些年份經委員會的同意認可，可以用 St-Emilion Grand Cru 這個標籤出售。和上述的特級（Grand Cru Classé）僅有一字之別，很少有消費者弄得清楚。St-Emilion Grand Cru 卻是一個很沒保證的標籤，我就嚐過一家標為 St-Emilion Grand Cru 品質卻非常糟糕的酒，很受傷害，記憶猶新。

波美侯產區似乎比較有骨氣，沒有任何列級制度，完全靠酒莊自己的品質和口碑在自由市場上建立信譽和價格。而說來有點諷刺的是，波爾多最昂貴的兩支酒卻都出在這一個沒有任何分級制的產區裡：Pétrus 和 Le Pin。

而左岸的格拉夫產區因為是少數同時產紅白酒的地區，也有屬於自己的列級酒莊名單，共十六家，除了五大裡的 Haut-Brion 之外，名莊 La Mission Haut-Brion、Pape Clément、Haut-Bailly……等都在這一區。但除了列級外，格拉夫沒有分出其他等級。

如此複雜難解，各行其是的列級制度在小小的波爾多酒鄉裡彷彿還不夠似的，在特級酒莊之下，梅多克區又出現一個名為布爾喬亞級（Cru Bourgeois）的名單。這份名單龐大，高達四百多家，並且分成三個等級：Cru Bourgeois Exceptionnel、Cru Bourgeois Supérieur 和 Cru Bourgeois。

在這之外，還有一個等級叫優級波爾多（Bordeaux Supérieur）……在這個等級裡也是好壞參差不齊。幾年前我受邀擔任第二十三屆優級波爾多（Le Talent du Bordeaux Supérieur Millésime 2007）的評審之一，從最後決選的二十一支酒裡選出前五名。這屆擔任評審的名人不少，英國酒評家 Jancis Robison，世界侍酒師冠軍 Philippe Faure-Brac 和 Olivier Poussier，地點選在巴黎香榭大道上的三星餐廳 Ledoyen 舉行。

老實說，絕大多數都是我沒聽過的酒莊，但是一路品嚐下來，我卻發現通常價格不高的優級波爾多裡有不少出色的小酒莊作品。當天小有名氣的 Château Penin Les Cailloux 沒有異議地拿下最高分，之後依次是 Château de Parenchère Cuvée Raphaël，Château Sainte Barbe，Château de Bel La Capitaine，Château Fleur Haut Gaussens。2007 在波爾多是個不怎麼被期待看好的年份，然在評鑑過程中，我還是感受到，正是這樣艱難的天然條件看得出認真嚴謹的釀酒人的一點風骨和堅持。精巧細緻的單寧，柔順明亮的氣息，小年份還是有好酒的。

寫這篇文章之際，我正好在品嚐也是優級波爾多的 Château de Lisenne，2005、2006、2007 三個年份。這個小有名氣的酒莊將這三個截然不同氣候條件的年份釀出三種不同的風格，2007 是公認不算好的年份，但仍優雅，不能久存卻適合即飲。2006 有點青澀強勁，顯然該多存幾年再來享受。2005 年非常有個性，是可以即飲也適合久存的。

所以我向來認為，酒如人，不能以貌取。

在所有的波爾多各式各樣複雜難解的標誌裡，最空洞誇大的是這個經常出現在酒標上的：Grand Vin de Bordeaux（偉大的波爾多酒）。

Produce of France
Château Brondelle
GRAVES SUPERIEURES
APPELLATION GRAVES SUPERIEURES CONTROLEE
2004
VIGNOBLES BELLOC ROCHET PROPRIÉTAIRE A LANGON
Mis en Bouteille au Château
CONTAINS SULFITES

千萬別相信這句話，它不是種被認可的等級或是認證，完全沒有意義，單純只是一句自我吹噓的廣告詞。

而波爾多最偉大的酒，標籤上向來不多寫這些一級特級的列等。我總認為，真正的偉大，與其自己吹噓，不如讓別人來說。

全球暢飲
薄酒萊

週四下午朋友打電話來：「晚上出來喝一杯吧？」這是個極平凡的夜晚，白天大家還是要進辦公室，隔天也還要早起趕上班，可是幾個朋友聊天之間有種特別的氣氛，大家都有些莫名的興奮。

不過是巴黎小巷裡的小酒館，門後有雙層紅色厚布簾擋住外面的寒風，一進門，一股暖氣轟然湧上。館子極小，也不大有觀光客，典型的木頭包錫鐵的老式吧臺，無論是木頭還是錫鐵都磨得很光滑了。牆上幾盞過去裝置藝術時代留下的花朵型小燈像是從牆上長出來的，散發著古老的暈黃的光。老闆體型胖碩，話聲宏亮，唇上兩撇胡椒鹽灰的八字鬍，笑起來架子上的酒杯會跟著震動。

吧檯邊上已經掛著一群喝開來的巴黎人，每個人手上一杯淺紅色的酒，不時爆出誇張帶點不言自明意味的笑聲，法國人最擅長的話題，性、政治和食物在空氣中隨著紫羅蘭玫瑰香氣的酒香，四處飄散。

我和朋友擠到吧檯邊點酒。胖老闆一邊跟熟客講笑話，一面回頭應付我們：「兩杯薄酒萊新酒？」我回說：「當然是！」十一月第三個星期四整個法國大概都在這個輕鬆談笑的氣氛裡暢飲薄酒萊新酒吧。

每年薄酒萊新酒上市彷彿是個不約而同、備受期待的日子。更早幾天，電視報紙就開始預告今年的薄酒萊風味，請幾個比他人更早嚐到的侍酒師評評味道，請釀酒師談談今年的氣候特徵，然後，一定會看到這樣的畫面：整批整批的酒正要裝上飛機，飛往全世界數十個國家，然後在十一月第三個週四這一天一起開瓶品嚐，誰都不許搶先，保密防範之嚴謹，一如國家機密。

法國朋友說，喝薄酒萊就是要輕鬆要鬼扯，不要西裝領帶，不要燕尾服晚禮服，薄酒萊不是正襟危坐的飲料，不是用高級球體水晶杯搖晃故作姿態聞香的酒，薄酒萊是一款——用法國人常用的字——convivial 的酒。這個字不好翻譯，大致可說是賓至如歸，和朋友同歡共享之意。

新酒（Beaujolais Nouveau）的熱鬧總要持續到年底，然後被聖誕跨年的香檳取代。薄酒萊新酒促銷在葡萄酒界是個相當傳奇的行銷活動，不過故事要從 1951 年的法國葡萄酒法令說起。

話說 1951 年九月八日法國通過一項法令：任何產地命名 A.O.C. 的酒都不能在採收當年的十一月十五日前出售。此法目的在禁止酒莊在酒尚未釀好前就裝瓶出售。一般葡萄採收在八月中下旬，有些地區則要等到九月，甚至十月。榨汁發酵後，一、兩個月後就上市的，其實比較接近發酵葡萄汁，而非一般認知的葡萄酒。著名的波爾多A.O.C. 紅酒甚至規定要在橡木桶中儲存一年、一年半以上才能裝瓶出售。

可是並非每種葡萄酒都適合久存熟成，釀製薄酒萊的葡萄品種佳美（gamay）最好喝的時候卻是剛釀好的那幾個月。在薄酒萊新酒流行之前，人們總是認為要能陳年的才是好酒，為了促銷年輕即飲的風潮，且在短短數個月間銷售掉數千萬瓶酒，因而創出薄酒萊新酒。

每年全球有數十個國家在同一天暢飲薄酒萊新酒，日本的消費量甚至比法國更多，因為緯度和時差的關係，日本也是每年第一個開瓶品嚐新酒的國家。臺灣人講究年份，2005 那個好年份曾是法國以外飲量的前三名。

1967 年至 1985 年薄酒萊新酒總是在十一月十五日法令規定可以出售的第一天上市，後來為了避開週末或是其他假日因素的影響，改成每年十一月的第三個週四。薄酒萊新酒確實改變很多人對葡萄酒的刻板想法。除了酒一定要陳年熟成才是好酒的錯誤印象外，最重要的是喝酒態度的改變，原來喝酒可以輕鬆自在，無拘無束，可以不必故作深奧，探究味覺香氣。只要覺得好喝與否，喜歡與否，管他等級產地品種年份。薄酒萊新酒消解了不少人對酒的心防和距離。

但同時薄酒萊也是這個成功行銷的犧牲者。很多人誤會薄酒萊只有

每年薄酒萊新酒上市彷彿是個不約而同、備受期待的日子。十一月第三個週四這一天全球一起開瓶品嚐，誰都不許搶先，保密防範之嚴謹，一如國家機密。

新酒，往往不知薄酒萊也有儲存熟成潛力的酒，也可以很有深度。

在薄酒萊的分級制之中，只要分辨出薄酒萊新酒（Beaujolais Nouveau）和村莊級薄酒萊（Beaujolais-Villages），新酒在上市後半年內是最佳狀態，這段時間喝掉最好。至於村莊級薄酒萊，品質好的時候，不輸上等布根地，但是價格卻平易近人得多。

村莊級薄酒萊共有十個：Brouilly、Chénas、Chiroubles、Côte de Brouilly、Fleurie、Juliénas、Morgon、Moulin-à-Vent、Régnié、Saint-Amour。雖然這十個村莊被列為村莊級，事實上和新酒的產地是交錯重疊的，也就是說，這十個村莊同時生產新酒和村莊級酒。雖然村莊級也是用佳美品種釀製，卻因為土質、氣候和其他天然條件較優越，釀製的薄酒萊礦石味、濃郁度和丹寧結構等條件都比新酒好，有不錯的熟成潛力。

幾個月前我買了幾支村莊級Morgon 2002年，已經熟成了七年的酒，喝起來有薄酒萊常有的果味，但不再是年輕可愛的草莓、覆盆子一類簡單輕盈的味道，而是較具深度的熟透的黑莓、黑櫻桃，滋味深沉豐厚，還有淡淡的烏梅，餘味極佳，許多知名波爾多酒都還達不到這個層次呢！

那天小酒館裡喝到的2009年新酒則是以新鮮黑桑葚、黑櫻桃為主調，從夏天就預告2009的薄酒萊新酒是極佳的年份。果然沒錯！因而2009的村莊級薄酒萊就更受期待了，私人認為，這將是一款存儲熟成潛力很不錯的年份。我想起喝過最老的薄酒萊可是1978年的，已經三十「高齡」了，還非常老當益壯呢！

挑選質佳薄酒萊其實也就是挑選酒莊，Georges Duboeuf、Louis Latour、Louis Jadot、Mommessin 等都是重要的大型酒莊，也以品質出名。如果想品嚐較具個人風格的薄酒萊，Marcel Lapierre、Domaine Hubert Lapierre、Domaine des Nugues 、Domaine Michel Tête、Château des Lumières、Château des Jacques 是我個人比較偏愛的小酒莊，可惜產量少，不容易找到。

另一個對薄酒萊的誤解是：薄酒萊也產白酒和玫瑰紅，不過整體水準仍不如紅酒整齊，產量也少，甚少出現在市場上。

薄酒萊風味簡單直率，代表及時行樂的生活態度，也是幾乎可以搭配各種料理的紅酒。在滋味繁雜多變的中國料理中，薄酒萊其實比多數布根地或波爾多可以帶來更多餐酒搭配的樂趣。下次餐桌上不知點什麼酒來搭配時，何妨試試薄酒萊？

來自遠古海洋的靈魂

——夏布利

對我個人來說，品嚐白酒常常比紅酒難一些。

許多人說和紅酒的複雜深刻相比，白酒過於簡單清淺，不外花香果香，一喝瞭然，似乎少了可以品咂深思的內涵。我總認為這種看法過於輕視白酒的深度。

夏多內（chardonnay）是我偏愛的白酒品種，也是當下流行品種，差不多世界各地的白酒產區都有產，像澳洲、紐西蘭、南非、智利等，市場上不難買到。當然歐洲國家裡，法國、德國、西班牙、義大利也都有。夏多內是全球栽種最廣的葡萄品種，原因無他，因為它的氣候適應力相當強，釀出的酒往往非常討好：果味清新，爽口圓潤。年輕時可以清淡宜人，爽口易飲；陳年熟成後的，飽滿厚實，層次多元，少有其他品種可比。多年前我嚐過一款 1961 年的

Puilly-Fuissé，現在都還想得起來那個絕美的夢幻滋味。

可奇怪的是，過去讓我嚐到印象深刻的夏多內白酒幾乎都來自法國布根地的夏布利產區。也許是我對其他國家的白酒經驗不多。好的夏多內其實到處都產，但總是讓我覺得有點「千人一面」，像一堆塑膠模特兒擺一起，美則美矣，少了靈氣。夏布利的好酒有一種難言的神祕深邃，彷彿有靈魂從曠古的時間甬道深處姍姍而來。過去一直有些困惑，這種感覺是因為當時喝酒的情境教人意亂情迷，亦或我自己胡思亂想？

雖說夏布利被歸為布根地產區，但是這裡離布根地其他紅白酒主產區還有一百六十公里，以距離而言，夏布利更接近香檳區。這或許可以說明，為何夏多內也是釀製香檳的主要品種了，因為氣候條件相似，夏多內在這兩個地區的表現比其他出色得多。更妙的是，陳年的香檳，氣泡沒有那麼猛衝帶勁時，喝起來很有老夏布利的風味。想來似乎不無道理。

最近去了一趟夏布利，雖未必徹底解開這個疑惑，但也讓我恍然了悟夏布利某部分的神祕暗角。

從巴黎搭火車至布根地小城 Auxerre 只要一個半小時，再開車約十來分鐘，不進夏布利這個小村，直接上村莊附近的葡萄園坡地。我們爬上瑟瀚河（Le Serein）西南山坡上的一級莊園，眼前展開的就是居民不到五千人的夏布利村，以及瑟瀚河對岸的特級莊園。

夏布利在法國眾多產酒區中算是很容易辨識等級的，因為僅有四個：特級（Grand Cru），一級（1er Cru），小夏布利（Petit Chablis），夏布利（Chablis）。這個分級也差不多是價格從上到下的分級，從一支數百歐元的高價到幾歐元的最低價。以口味來說，則是從豐富強勁到簡易清淡。特級酒僅占夏布利產區的百分之二，分成七大莊園（Les Clos、Blanchot、Valmur、Vaudésir、Les Preuses、Bougros、Grenouille），特級莊園青一色朝南或朝西，擁有最佳的向陽坡面，至少十年的熟成潛力，但是往往可以長達三、四十年以上。

八月底的葡萄已經果實纍纍了，但是果粒仍舊堅硬青澀，整片碧綠色的山谷非常怡人。我的導遊 Franck Chretien 一面解釋夏布利從九世紀至今長達千年的釀酒史，到上個世紀整個地區遭受病毒侵襲而必須將葡萄樹全部拔除的辛酸史，一面將夏布利的分級解釋給我聽。忽然他從口袋裡掏出一塊馬鈴薯大小的石塊，不是整顆的，凹凹凸凸的表面顯然是許多不同石材黏結合成，搓摩得有點光澤了，然後說：「其實這才是夏布利之為夏布利的祕密。」

趨近細看，這確實不是一般石頭，而是化石。「這種土質稱為 kimmeridgien，是上侏儸紀時期海底蚌殼、牡蠣殼經過幾百萬年演變而成的，我們現在眼前看到的山谷以前是海底。Kimmeridgien 這個名字來自英國同名村莊 Kimmeridge，因為過去英國是夏布利的最大出口國，但也因為這個英國村莊地下有這種少見的牡蠣化石層。」Franck 說道。

牡蠣化石土層非常罕見，正是這個奇特的土層，讓葡萄樹根，尤其

夏布利的祕密就來自這種化石。

是三十年以上的老藤，深入地下數公尺汲取土質內的特殊礦物質，藉由葡萄樹的生長融合，遠古海底的滋味化成養分，潛入熟成的夏多內葡萄裡，再重於釀成的葡萄酒中。夏布利非常適合生蠔，尤其是那特級酒，就是因為這裡的土地含有豐富的海底蚌殼牡蠣化石帶出礦石與鹹味的海洋氣息，遠古滄海桑田的記憶透過幾滴酒汁，和現代海洋養撈出來的生蠔暗通款曲，所以格外誘人。

隨後我去參觀夏布利產區歷史最久的酒莊，已經傳到第十三代的 Château Daniel-Etienne Defaix。這個年產量僅十七萬瓶的小酒莊除了歷史以外，最特別的地方是其一級和特級莊園的酒，絕不在年輕的時候釋出，總是將酒熟成到適飲的初期才放到市場上。當其他酒莊已經把 2008 上市時，酒莊 Château Daniel-Etienne Defaix 才釋出一級莊園 2000、2001 這兩個年份，特級莊園則是 2003 和 2004。

我們先從 2007 年村莊級的夏布利嚐起，色澤黃中帶綠是夏布利白酒的特色，果香清新，尾韻有蜜桃、蜂蜜的圓潤，非常均衡。接著是一級酒莊 Les Lys 1er Cru 2001，這款已經熟成九年的白酒味道清澈乾淨，香味豐富，顯然還可再等個五至十年的熟成。接著是兩款 2000 年的一級酒莊 Côte de Léchets 和 Vaillon。前者花香濃郁細緻，礦石味較不明顯；後者結實，礦石強悍，帶有不少薄荷、香梨的氣息，非常有個性。

Château Daniel-Etienne Defaix 整體風格清瘦而嚴謹，不走時下流行的甘美圓熟，很有不媚俗、不妥協的傲骨之氣。莊主 Daniel 高大壯碩，相當健談，說起酒的事蹟滔滔不絕。他相當得意英國所有的米其林三星餐廳都有他的酒，也很自豪自己是前俄國總統普亭邀請的私宅賓客之一，就因為他也是Château Daniel-Etienne Defaix的酒迷。談話中，Daniel 認為夏布利白酒最是適合亞洲料理，除了韓國菜以外。我不是那麼確定，但是烤鴨、廣式點心、精巧的上海菜……確實和很多中國菜合得來。

葡萄酒界裡除了「香檳」這個名稱最被抄襲以外，排行第二的要算「夏布利」了。十九世紀時，對產地名稱的保護還沒有今日這麼嚴謹，許多地方為了搭夏布利名氣的順風車，一些美國、澳洲的白酒都掛名夏布利之名賣酒，法國夏布利葡萄酒協會努力了許多年，雖然有點成效，也還是沒有爭取到完全的產地名稱保護權，不時還是可以看到美國或是其他國家的夏布利。

然而我相信自然是無法模仿的。我們往往說一瓶酒是該年的土地／氣候／人文／葡萄的紀錄，葡萄品種只是其中一個因素，夏多內也許適應氣候能力的很強，可以遍植各地，但是土地的特質是無法被複製的。

離開夏布利時，我買了一支 83 年的 1er Cru Vaillon 帶回家。這支已經熟成近三十年的酒現擺在儲酒箱裡，我望著它心想：三十年的光陰對數百萬年的海底化石來說實在不算什麼，可是現代人能嚐到這麼久遠時間基因組成的東西也真是奇蹟。這些年來我偏愛夏布利白酒的解釋或許就在那一塊奇妙神祕的遠古海洋化石上，由一塊塊沉積硬化的牡蠣貝殼幻化成的靈魂裡。

當然，也或許這些都只是我個人的胡思亂想。

低調脫俗的隱士

——亞爾薩斯酒

亞爾薩斯酒一直是我的葡萄酒偏愛。不說最愛，是因為它不是我在思索搭配宴客佳餚時容易被想到拿出來的，也不是去好友家拜訪，想帶支好酒去分享時，第一個想到的。它低調、冷然、不炫耀、不投好，一如它的長頸長身的酒瓶，在一整排的酒架上總是高出其他酒瓶一個頭，睥睨環視，卻經常被忽略遺忘。總是在喝過太多市場主流的媚俗口味後，才驀然想起亞爾薩斯酒那種遺世獨立的孤傲味道，似乎是刻意隱然於人間。更像亞爾薩斯的傳統酒杯，細長腳跟，淺而矮杯肚，絕不主動投懷送抱、給你太多，它讓香味飄逸易散，你要用嗅覺和心意專注主動投入去尋找，它才慢慢地舒展它的氣質個性，只接受願意花心力去了解它的知己。

味覺記憶是間屋子。有些酒是你曾在某個地方偶遇鍾情的際遇，當下驚嘆其異豔奇華，它悄悄地進了記憶的屋子，成了房子的一部分，

亞爾薩斯白酒完全由葡萄品種和土地特質來表現，最好的白酒絕對可以進入世界頂級之列。

久了，卻逐漸被忘了。等到看過太多庸脂俗粉的仿品劣貨後，你才恍悟它的美在於它的個性，它的距離，它的不願過度入世、沾染凡塵。可是，一旦嚐過，它總是在某處等你。

亞爾薩斯省在法國東北角，離海很遠，以大陸性氣候為主，所在緯度也逼近葡萄成熟的臨界高度，理論上非常不適合種植葡萄。可是，這裡卻是全法國、甚至全世界最好的白酒產地之一，這要歸功於它獨特的地理環境。

這裡最好的葡萄田都沿著西邊弗日山脈（Vosges）栽種。南北縱向的山脈擋住大西洋的雲水溼氣，山地斜坡排水好，日照充沛，雨水極少，柯瑪（Colmar）一帶的雨量不到500mm，是全法最低的，因此葡萄成熟度極佳。不僅如此，這裡的土質和氣候形成的微氣候區多樣繁複，因此釀出的葡萄酒有其他地區少能企及的細緻豐富。我去過幾次亞爾薩斯，葡萄田景致也和它的酒一樣，幽遠靜謐，古舊的屋梁老屋聚落成村或是散處林間，小溪在山壑深處的某處潺流，即使是午後的日頭高照，這裡還是帶點它獨有的神祕感。

亞爾薩斯文化接近德國，在葡萄酒中也可以得到證實：採單一品種釀酒（少數例外的混種釀製）。主要的品種是麗絲玲（riesling）、西瓦那（sylvaner）、格烏茲塔名那（gewurztraminer）、蜜思嘉（muscat）、灰皮諾（pinot gris）……等，通常酒瓶標籤上就會注明。

麗絲玲是這幾年全球釀製白酒的明星品種，散發優雅的檸檬蘋果香，成熟時也有蜂蜜礦石味，釀製的酒可以久存，也容易年輕時就順口好喝。西瓦那是產量穩定，容易栽種的品種，釀成的酒果香迷人，簡單易飲。格烏茲塔名那的味道非常容易辨識，尤其是對華人來說，那種強烈熟悉的荔枝香就是它了！但也經常有玫瑰、芒果、肉桂等，釀成的甜酒濃郁而醉人。蜜思嘉香味遠勝口感，經常酸度過淡，但是其動人鼻翼的玫瑰茉莉香味實在叫人著迷。

亞爾薩斯白酒完全由葡萄品種和土地特質來表現，最好的白酒絕對可以進入世界頂級之列。另外兩種甜酒則是亞爾薩斯傲人的特產：遲摘型甜酒（vendange tardive，簡稱 V.T.）、粒選貴腐甜酒（Sélection de Grains Nobles，簡稱 S.G.N.）。這兩種甜酒都僅在年份極佳的時候才生產。前者讓葡萄成熟至甜度超濃，釀出的酒甜美濃郁，只要有足夠的酸度平衡，是絕佳的甜點搭配酒。後者則因受貴腐黴菌的感染，有著特殊的風味，接近波爾多名聞全球的索甸甜酒，或是在臺灣非常流行的冰酒（ice wine）。遲摘型甜酒和粒選貴腐甜酒都適合冰鎮後品嚐，更適合儲存在酒窖中熟成，等它慢慢醞釀出更獨特風韻來。上等的甜酒應該讓人嚐起來不覺得甜，讓人更清楚感受它的酸是否典雅富麗，不會激烈。許多精采的亞爾薩斯就具有如此的魅力。

說起來慚愧，我的亞爾薩斯品酒經驗實在不多，印象最深的是有三百多年歷史的酒莊 Hugel 家一款 1967 年珍貴的 V.T.，那是在巴黎餐廳 Hiramatsu 慶祝莊主 Jean Hugel 八十大壽的宴會上嚐到的。輕盈、沉靜、靈活、幽深，氣味出奇地乾淨。這支已有三十多年歷史的奇特老酒身上奇蹟般地展現著對立又極端的特質，似乎透明，似乎神祕。在舌間，你以為掌握到它所有的氣息，卻又萬分懷疑，老覺得自己的味蕾沒有深入酒最隱密的時間深處。八十歲宣布退休的

亞爾薩斯最好的葡萄田都沿著西邊弗日山脈（Vosges）栽種。南北縱向的山脈擋住大西洋的雲水溼氣，山地斜坡排水好，日照充沛，雨水極少。

老莊主帶著兩個兒子介紹給大家，表明未來家族的釀酒事業都交給兒子。餐會中他特別提到這支 67 年的酒，我們當天品嚐到的是酒莊最後的一批藏酒，此後，這酒將成為傳奇。而我，將之嚐進嘴裡，飲進肚裡，也永遠地留在記憶裡了。

最後也談談亞爾薩斯只產百分之五的紅酒（黑皮諾品種）。因為氣候過冷的關係，紅葡萄品種不易熟成，酒體極微清淡雅致，許多人認為它更接近玫瑰紅。而喝慣了碩大肥美的波爾多或是西班牙智利紅酒的人，大概會覺得這酒淡出鳥來。不過亞爾薩斯紅酒的清淡有時反而是難得的優點，許多不易搭配紅白葡萄酒的中國菜，如甜香的烤鴨、酥辣的麻婆豆腐、酸濃的無錫排骨，它都可以搭襯收攬，讓味道更出色豐富。

每年八月亞爾薩斯開始在幾個著名的產酒村舉辦葡萄酒節，從 Guebwiller、Ammerschwihr、Ribeauvillé、Barr、Molsheim，最後到柯瑪這座以古老城區出名的城鎮做最盛大的節慶尾聲，同時也是本區的觀光旺季。亞爾薩斯極為注重傳統、保護自然，城鎮中心經常可以看到居民在屋頂上為野生送子鳥（Cigogne，又稱鸛鳥）築的大型鳥槽，以吸引牠們來此定居生子，送子鳥因此成為本地的象徵動物。

想參觀亞爾薩斯這個號稱全法國風景最美的酒鄉，可以開車，沿著萊茵河谷的葡萄酒鄉之路路標，沿途參觀葡萄的田園風光、幾個美麗的古老小村和知名的酒莊。下萊茵區（Bas-Rhin）的小村，歐貝爾內（Obernai）、色列司特（Sélestat）都有很值得參觀的舊城區。上萊茵區（Haut-Rhin）的希伯維列（Ribeauvillé）、希克維（Riquewihr）、凱色斯堡（Kaysersberg）……等村子也都是著名的產酒區。

腐敗的葡萄，甜美的汁液

——冰酒與貴腐甜酒

在高級法國餐廳裡，很難不看到鵝鴨肝做的菜，烤成醬的、生煎的、清蒸的、切片放在沙拉裡的，無論哪一種，只要出現鵝鴨肝，侍酒師十之八九建議的佐配酒款是貴腐甜酒。

攤開地圖看，生產甜酒的幾個區：索甸、巴薩克、卡狄亞克（Cadillac）、洛比亞克（Laupiac）、聖十字山（Sainte-Croix-du-Mont）都位在吉隆德河（Gironde）和西隆河（Ciron）交會處。這不是巧合，而是天地間奇妙的安排。西隆河從蘭德地區帶著冰冷低溫的水流注入水溫較高進出海口的吉隆德河，冷熱交會，因而在兩河匯流處產生一股如煙霧般的溼氣，將附近的葡萄園籠罩住。在九月的採收季節，這股溼氣多半在午前就因陽光蒸發而消散無蹤，午後太陽光則恣意地照在大地，乾燥的光熱將刻意未摘、仍留在藤上過熟葡萄裡的水分一點一滴地蒸發掉。

SAUTERNES-APPELLATION
1934
MIS EN BOUTEILLE AU

正是釀造貴腐甜酒的關鍵所在。所謂的「貴腐」（pourriture noble）就是將成熟的葡萄續留在藤上，讓黴菌寄生葡萄、乾縮的現象。由於午前的溼氣非常適合一種稱之為 Botrytis cinerea 的黴菌寄生在葡萄顆粒上，千絲萬縷的菌絲穿過果皮，深入果肉，將葡萄鑽穿成像海綿一樣的鏤空果粒，而午後乾熱的陽光正好抑止黴菌過度生長，造成葡萄的腐爛，同時讓果肉水分蒸逸出去，逐漸乾縮脫水成半乾葡萄。正是這個特殊的天然環境所形成的巧妙平衡，賦予了甜酒的貴腐靈魂。

一般釀製波爾多乾型紅白酒的葡萄在八月底、九月就已經採收了，但釀造貴腐甜酒的葡萄卻經常遲至十一月才徹底採收完畢。此時葡萄顆粒裡的汁液少、甜度高，且因著這稀奇的黴菌而帶有一股特殊的濃郁香氣與圓潤甘滑的口感。但被黴菌附著穿透的葡萄，外表幾近腐爛乾癟，醜惡不堪，實在很難想像最終竟可以釀造出黃金琥珀般華美晶瑩的瓊漿玉液，人間仙品。

此時葡萄甜度高達每公升二百克以上的糖份（好年份有時可達四百克以上），一公頃產量往往不到二千五百公升，因此釀製成本相當高。如此乾縮的葡萄榨出的汁液自然少而濃，經過一晚的沉澱之後，再放入橡木桶內發酵。由於糖份太高，所以發酵也進行得非常緩慢。等酒精濃度到達十三～十四度之後，降溫遏止繼續發酵，保存糖份，然後放入木桶裡進行三年左右的儲存培養與熟成，最後才裝瓶上市。

貴腐甜酒的起源一直是個謎，如果你有機會到這五大產地參訪，差不多每個酒莊都有屬於自己的故事版本。不過流傳最廣的還是出自本區的名莊伊庚堡的傳說：據聞十九世紀時伊庚堡堡主羅曼—貝特龍（Romain-Bertrand）外出打獵，因故遲歸，延誤葡萄採收。等回到城堡時，個性頑固不化的他仍下令採收榨汁，便意外地釀出風味甜美華麗的貴腐甜酒。不過根據歷史紀錄，貴腐甜酒的釀造應該在此之前就已經有了。

用來釀造貴腐甜酒的葡萄品種是榭密擁（sémillon）、白蘇維濃（sauvignon blanc）和蜜斯卡岱勒（muscadelle）。榭密擁是主要的品種，有些酒莊甚至以 100% 來釀造，因為其感染黴菌的效果最好。但用白蘇維濃來添加一點酸度和香氣，是最普遍的做法。至於麝香氣味濃重的蜜斯卡岱勒通常是最微小的龍套配角，添加的比例也不高，僅僅為了增加一絲討喜的香氣。

貴腐甜酒的色澤要比一般白酒更有看頭，年輕時帶著淺亮的金黃色，隨著時光熟成，逐漸轉化成迷人的老金、古銅和神祕光彩的琥珀色。甜酒的儲存潛力比乾型紅白酒要高很多，通常要等到十幾二十年才達成熟期。好年份的頂級作品在百年後才散發出最耀眼的光芒也是常有的。史上最高價的白酒就是一支 1784 年的伊庚堡，標價五萬六千美金。雖說如此，上市的貴腐甜酒已儲存三年以上，趁年輕品嚐，反而有老酒沒有的活潑清亮的果香和酸味，即時行樂，未嘗不妥。

經常帶有蜂蜜、水果乾、果醬等甜熟的味道，喝之前先冰鎮過，可以降低甜膩的口感。也正因為甜膩的關係，貴腐甜酒不宜像乾型紅白酒一樣大口暢飲，通常在飯後搭配甜點時來一杯，小口品酌，細細享受這份葡萄酒界裡最富麗華貴的滋味。

波爾多貴腐甜酒靠的是人類偶然間發現的老天的巧妙安排，和它一樣以甜美著名的冰酒，也得仰賴大自然的奇妙運作。

瓶身細長的冰酒總予人細緻優雅的高尚感受，事實上，它卻是在極為艱苦的環境條件下誕生的。冰酒都產在冬季酷寒的地區，三大產國是：德國、加拿大和奧地利，其他如東歐的斯洛維亞等也有少量生產。它們全都是冬季冰天雪地，其他季節卻又需要足夠溫暖的地帶。

迥異於採收延遲至十一月的貴腐甜酒，冰酒的採收更晚，延至聖誕節年底採收是常有的事，甚至隔年一、二月，主要就是等候氣溫低至零下七度以下這個臨界條件。這時候，已經乾縮的葡萄中僅存的水分也凍結成冰，榨出來的汁液量少黏稠，每公升含有二百五十五克以上的糖份，不但甜度濃厚，香味酸度也極度濃縮。一千公斤的葡萄僅榨出約百公斤葡萄原汁。

由於釀製冰酒的葡萄沒有經過黴菌感染轉化風味的過程，而是在樹藤上多停留兩、三個月的熟化，葡萄成熟速度極緩，也因此保有其他甜酒少有的果味和酸爽之氣，即使超高的甜度都有可以平衡的力道，而不必要求高強酒精來支撐其架構。

釀製冰酒的葡萄品種德國以麗絲玲為主，它的香氣細緻優雅，酒質飽滿，又有足夠的酸度和陳年的潛力，釀成的極品冰酒確實風味獨

午後太陽光恣意地照在大地，乾燥的光熱將刻意未摘、仍留在藤上過熟葡萄裡的水分一點一滴地蒸發掉。

具。而加拿大則以一個混種品種維達樂（vidal）來釀造。此品種皮厚，果粒不易熟落，是加拿大冰酒的主角品種，經常散發出熱帶水果如芒果、鳳梨、百香果的迷人香味。和德國的耐久存的麗絲玲冰酒最大的差別是，加拿大冰酒果香清新宜人，年輕豪爽。

相對於貴腐甜酒，冰酒是個非常現代的酒款，半個世紀前還僅有德國和奧地利幾家酒廠微量釀造。加拿大冰酒起源則是德國人 Walter Hainle 於 1973 年移民時帶過去的技術。現在，加拿大已經成為世界最大的冰酒產國，也是加拿大相當重要的產業，並有歐陸以外最嚴格的葡萄酒產區管制。

加拿大冰酒瓶上都印有 VQA 的字樣，這是 Vintners Quality Alliance 的縮寫，代表品質，所有的釀造酒廠都必須加入會員，並恪遵嚴格的生產規定。

加拿大冰酒產地集中在尼加拉瓜半島上，此地有著加拿大全境難得的溫和氣候圈，盛產溫帶水果，更是加拿大人的避暑聖地。這裡許多酒廠都是世界名廠，如全球最大的冰酒酒廠 Inniskillin、Hillebrand、Cave Spring 等。如果你有機會到這裡一遊，這些酒廠都是開放參觀的。

最近幾年加拿大更開始嘗試另類冰酒的製造。比如紅冰酒、蘋果冰酒（cindre glacé，以熟透乾縮結冰後的蘋果榨汁發酵成，釀法和葡萄冰酒類似），據說還有氣泡冰酒。這些新奇花俏的冰酒在古老大陸的歐洲眼中，恐怕還是離經叛道的異類，不是正途王道。但是，誰知道？許多歷史上的驚奇都來自意外。

有趣的是，貴腐甜酒的釀造技術也向冰酒借取靈感：在葡萄不夠甜熟的年份，有些酒莊會將葡萄冰鎮起來，以保存果香增加甜度後再榨汁釀製。

冰酒品嚐和貴腐甜酒接近，濃厚的甜稠不適合大口狂飲，而且要冰鎮過才適飲。既然是甜酒，和鴨肝鵝肝也搭配得來，和貴腐甜酒相比是另一種風味。此外，微鹹微臭、口感滑脂的藍黴乳酪，如法國的 Roquefort、Fourme d'Amber、Bleu d'Auvergne、義大利的 Gorgozola、英國的 Stilton 等，會有鹹甜甘美的滋味，都是不錯的搭檔。如果想嘗試臺式點心，蛋黃酥、棗泥黃之類鹹甜味道的點心，也可試試。

過去幾年臺灣風靡冰酒，成為冰酒最大的進口國，許多人純粹是迷上香水般的迷人香味，炎熱酷燠的氣候裡來一杯冰鎮過的冰酒確實提神爽口。

也許此時讀這篇文章的你手裡正端一杯來自地球另一端釀造出的甜酒，享受人生的甜美滋味。

熱情歡暢的氣泡酒

——西班牙卡瓦

在喝酒的個人史上，我是很晚才迷上氣泡酒的。

我不愛喝碳酸飲料，而氣泡酒總讓我想到汽水可樂。氣泡酒多半是冰鎮著喝，在杯裡嘴裡衝動洶湧的氣泡猛一陣的爆破清涼，雖然這一剎那圖了個爽快，但往往也因為過度地刺激麻痺了味覺神經，繼之而來的味覺疲累更累人。

和很多人的初體驗一樣，喝酒從紅酒開始，然後白酒，對氣泡酒的認識——通常是香檳——總是姍姍來遲，但是也往往一發不可收拾。我就有法國朋友喝酒只喝香檳，別的一概不碰，可是天曉得過去他可是暢飲紅酒的虔誠酒徒。

全世界到處有氣泡酒生產，法國的香檳當然是最出名的，義大利皮耶蒙區的 Asti、西班牙的卡瓦（Cava）也都名聞世界，另外德國、澳洲、美國也都有產，最近英國的一款氣泡酒竟然在一個品酒會上打敗法國香檳，被譽為全世界最好的氣泡酒。

可是無論是哪裡生產的氣泡酒，基本的釀製方法是一樣的：葡萄汁釀成酒後裝瓶，在瓶內保留部分糖分，利用瓶內二次發酵產生二氧化碳和氣泡，遂成氣泡酒。這當然和可樂汽水以人工加壓方式灌入二氧化碳氣泡的方式截然不同，氣泡酒所表現的氣泡比人工碳酸飲料更細緻圓潤，舌上的觸感由刺激轉成按摩，這也是氣泡酒為何經常是開胃酒的原因，輕微細緻的氣泡在味蕾上溜滑滾動是很開胃的。

這個釀製法來自香檳（某些說法和歷史資料認為，香檳地區未必是最早發現這種釀製法的），也因此又被稱為「香檳釀製法」（méthode champenoise）。然而香檳工會以「只有香檳區生產的氣泡酒才能稱為香檳」為理由的力爭下，釀製法被改成「傳統釀製法」（méthode traditionnelle）。

也好，這樣氣泡酒就是氣泡酒，只要好喝，哪裡產的都行。西班牙卡瓦喝起來多變而輕鬆，沒有法國香檳那種作態與吹毛求疵。

和法國香檳只能在香檳區產，只有五、六種葡萄品種的規定不一樣，卡瓦在西班牙到處可產，沒有法定地區限制，也沒有品種限制，其多樣化的精采程度一如西班牙的塔巴斯小菜（tapas）。

儘管西班牙到處皆可生產卡瓦，但無論是最好的品質，或是最大產量的，還是巴塞隆納南邊、屬加泰隆尼亞區的班奈德斯（Penedes），一百五十公頃的葡萄園，其產量占全國九成以上，每年出口到世界一百四十六個國家的產量高達一億兩千萬瓶。最大的兩家酒廠 Freixenet 和 Codorníu 加起來總產量占去九成。如果前者是西班牙第一大廠，每年生產一億兩千萬瓶（正好是出口總量），後者卻是卡瓦氣泡酒的發明者。

十九世紀中葉 Codorníu 酒莊莊主 Joseph Raventós 到法國香檳區學習釀製香檳，學成回到西班牙後，他決定用當地葡萄品種來釀製類似香檳的氣泡酒，1872 年推出第一支西班牙氣泡酒。不過當時不叫卡瓦，而是將法文 champagne（香檳）改成加泰隆尼亞語 champagña 或 xampany。這款「西班牙香檳」清爽可口，雖然立即受到歡迎，可是也還未能取代氣候炎熱以種植釀製紅酒的黑葡萄，卡瓦的發展或許真如加泰隆尼亞人說的：「受到老天眷顧。」一場橫掃全歐洲的病毒天災成就了卡瓦的今日天下。

1888 ～ 1890 年間，歐洲發生了一場前所未有的葡萄病蟲害，加泰隆尼亞區也未能倖免，所有的葡萄樹最終都遭到被拔除的命運，改植接種美國品種的葡萄藤。這個全面性的改變使得原本以紅酒為主的班奈德斯區很多地方改種白葡萄，釀製氣泡酒。而最早被用來釀製卡瓦的是三個本地品種 macabeo、parellada、xarello，至今仍是釀製卡瓦的主要品種。

除了天災的偶然促成，這款「西班牙香檳」受到宮廷的熱烈歡迎，在西班牙的瘋狂年代（1919 ～ 1929 年）裡，氣泡帶來的輕快歡樂

和西班牙的佛朗明哥舞鬥牛等熱情瘋狂的文化結合，同時也開始外銷到其他國家。不過這款西班牙氣泡酒真正站上國際葡萄酒舞臺、並開始占有舉足輕重的地位是上個世紀六〇年代，可是要等到九〇年代才真正定名為「卡瓦」（Cava）。

Cava 這個字來自拉丁文的「地窖」、「酒窖」之意，因為最早期酒總是藏在地下室，藉陰涼和無光來保存酒。1972 年法國香檳公會為了保護香檳之名（所謂樹大招風，在此之前「香檳」一詞被濫用在任何氣泡酒上，甚至許多不相干的產品如礦泉水、香水、零食飲料……都曾冒用香檳之名。即使今日，全世界每年都還有幾十樁濫用香檳名稱的官司），向世界各國申請為香檳正名：只有香檳區產的符合其嚴苛規定的才能稱為「香檳」。而與此同時，西班牙氣泡酒協會也提出「卡瓦」為這款氣泡酒的正式名稱。

卡瓦因酒中保存的糖分多寡分類，分別是：Brut Natural（每公升含糖量〇～三克）、Extra Brut（每公升含糖量不超過六克）、Brut（每公升含糖量不超過十五克）、Extra Seco（每公升含糖量十二～二十克）、Seco（每公升含糖量十七～三十五克）、Semi-Seco（每公升含糖量三十三～五十克）、Dulce（每公升含糖量五十克以上）。口感從最乾至最甜，當然一如香檳，卡瓦也有玫瑰紅。

卡瓦在全球氣泡酒的消費市場上排行第二，僅次於香檳，很大的一部分原因應該是它的多樣性能搭配各式各樣的料理和味道。如果拿小點的多樣化來比較，顯然我們的港式點心可以和卡瓦有非常繽紛多彩的對話。而卡瓦氣泡和酸度更經常為帶點酸甜口味如無錫排骨、糖醋魚或是北京烤鴨等中國料理給予口味上意外的豐饒與驚喜。

法國民族性凡事講究細節末梢，把簡單的事情弄到吹毛求疵的境界，香檳的味覺深度確實無人可比；西班牙人熱情快活，享受人生，對於規矩限制往往大而化之，卡瓦氣泡酒的及時行樂和輕鬆恣意，也就是西班牙人的民族性和生命哲學。

生命中，有時需要深沉思索，有時需要放開枷鎖，看淡一切。喝酒也是。

氣泡酒的至尊天王

——香檳

臺灣葡萄酒名作家林裕森在《開瓶》中談到香檳時說了一段小故事，一個美麗的法國女子在餐廳裡點酒之際，望著其老公感嘆地說了一句：「要知道男人什麼時候不再愛妳，其實很簡單，就從上餐廳不再為妳點香檳那天開始！」

香檳在西方，甚至全世界都是愛情、浪漫的代名詞，也是歡樂、節慶、尊貴、享樂，全世界沒有哪種酒集如此眾多美好的生命象徵於一身。F1 賽車頒獎典禮上，哪個不是拿著超大型香檳噴灑慶祝？（我老覺得心疼！）開船典禮時，傳統上也要有支香檳擊敲船體祝賀平安啟航（再次心疼！）。婚禮生日主人如果沒拿著香檳，眾人等著開瓶那一剎那「啵！」的一聲，一定掉漆；新年派對倒數計時完，沒有繽紛的彩帶飛揚，沒有香檳的氣泡四冒，該有多掃興！香檳大概是最不宜單酌獨飲，也最不適合澆愁解悶的酒。

CHAMPAGNE
PANNIER
BRUT
Sélection

是因為氣泡的關係嗎？似乎也不是。全世界氣泡酒種類不少，光是法國就有布根地、羅亞爾河谷和亞爾薩斯產的 Crémant，義大利有 Lambrusco、Asti，西班牙則有卡瓦。這些氣泡酒的釀製方法和香檳大同小異，卻都比不上香檳可以創造出來的那種神奇與美好。

其實香檳的出現比一般葡萄酒動輒上千年的歷史要短得多，「是誰發明的？」尤其是一個眾說紛紜爭吵不休的話題。為了簡單滿足提出問題的人，如果你去參觀香檳酒廠或是讀觀光指南，都會提到 Dom Pérignon（1638 ～ 1715）這個本篤會十七世紀的修士，世俗傳說的觀點裡也認定他是香檳做法的發明人，或至少是將這項技術研究到成熟的關鍵人。

事實上，在十七世紀之前，香檳區和其他地區一樣只產葡萄酒。比較嚴肅的研究認為氣泡酒釀法應該是在無意中被發明的。根據一些史料，在那個時代，夏末秋初，葡萄採收後榨汁，然後進行發酵。時值秋冬，酒莊將地窖門打開，讓酒降低溫度，遏止葡萄酒繼續發酵，因此酒內仍殘留部分糖份。這麼做是為了將酒裝桶運送。

當時英國是法國酒最重要的市場，當酒送到英國後馬上裝瓶，於是殘存酒中的糖份繼續在瓶內發酵，產生二氧化碳氣泡，而氣泡因酒瓶封閉的關係又藏入酒體中，形成氣泡酒。來年春天氣溫回升後，部分瓶塞因承受不住氣泡產生的壓力而爆破，氣泡酒於焉誕生。

這是氣泡酒最重要的關鍵：瓶內二度發酵。葡萄酒學家 William Younger 認為氣泡酒的發明將世界葡萄酒史一分為二，自此葡萄酒進入一個新的時代。因為氣泡所帶來的清爽強勁的口感與結構支撐，使得原本可能只是平庸的清淡白酒變得風華萬千，也更禁得起時間的陳化熟成。氣泡酒釀法後來成為一種典範，世界各地皆有模仿，如果說香檳是氣泡酒中最好的，是有點托大，但是整體來說，以其品質，香檳確實是氣泡酒中無可比擬的至尊天王。

不過，光是有氣泡是不足稱為香檳的，必須是產自有嚴格地理劃分的香檳區的才能稱為香檳。而且釀製品種也限定為六個品種，其中主要的三種是：黑皮諾、莫尼耶皮諾（pinot meunier）和夏多內。

我們經常在香檳瓶上看到 Blanc de blancs（白中白）字樣，指的是完全用夏多內白葡萄（青皮白汁）單一品種釀製的。Blanc de noirs（黑中白）指的是用黑皮諾或莫尼耶皮諾（黑皮白汁）品種釀製的。如果標示的是 Cuvée，則表示是混合以上兩或三種不同品種葡萄調配而成。有時還會混入一點老酒，或是儲存過橡木桶的酒，更添口感的厚實。如果是粉紅香檳，可能是混了一點紅酒，或是榨出部分黑皮諾的葡萄皮色素，這時，香檳會多一點點單寧和紅果味，口感更華麗。至於 Réserve 這個字則沒有明確的定義，隨酒莊自行標示而已。

和一般葡萄酒喜歡以產地地名（如波爾多的聖愛美濃、布根地的夏布利）不同，香檳的村莊名對了解香檳的特性和品級沒有太多的幫助，因為絕大多數的香檳都是混合調配的，每家酒莊在調配中定義屬於自己風格，酒莊名字更接近時尚業，而成為一種品牌，猶如 LV 的經典印花包或是 Burburry 的方格條紋，市場口味的辨識度要高。正因為香檳不以產地命名而以調配風味為重，如果願意，你也

可以買下一批香檳，用自己或是心愛的人的名字命名。

國際熟知的大品牌 Moët & Chandon、Bollinger、Laurent-Perrier、Louis Roederer……等都有屬於自己風格的基本款香檳，但同時也生產等級更高的產品。頂級的香檳最好不要太年輕時就開來喝，因為其香味尚未完全達到顛峰，年份香檳多半要等七、八年至十來年，甚至更久，才會展現其最美好的一面。即使是年份香檳，也最好等上五年。不過現在許多酒廠都將香檳儲存熟成到該有的年齡才上市，像 Nicolas Feuillate 的 Palm d'Or 2004 年份香檳、Crystal de Roederer 2005 年都是最近才推出的。

至於香檳到底能儲藏多久，這跟一般葡萄酒一樣，很難說個準。從前一個家裡是釀香檳的朋友帶我去參觀他家的酒廠。看完釀酒，我們鑽入香檳地區獨有的堊石鑿成的地下酒窖，據說這種酒窖是天然的控溼控溫儲藏室，香檳之為香檳也要歸功這個獨特的天然條件。

酒窖其實是綿延數公里的地道，最後朋友帶我們進一個有鑰匙加鎖的鐵門小洞裡，裡面是他們家族收藏自家飲用的香檳，照著年份排列，我的眼睛一路隨著看，最老的也快上百年了。

朋友說：「都來了，開幾支來喝喝吧？」接著他指問一個朋友：「你是哪年出生的？」然後就興沖沖地去找那個年份的。當然，不是每年都產年份香檳，但是那天我們確實喝了不少難得的老香檳。

我們一群人當時都是三十上下的人，能在一個數百年地窖裡品嚐自己出生年份的香檳，現在想來，依舊教人醺然微醉。

天堂釀的，
天使喝的

——甘邑酒

這幾年因為工作的機緣，迷迷糊糊地喝了些酒，參觀過一些酒窖、葡萄園、釀酒廠。現在，我對酒的想法是：最好的酒根本不存在。

撇開餐桌上的配酒不談，喝酒講究時間，講究情緒，還要看天氣。在充滿爵士樂的酒吧櫃檯邊，和陷進一張火爐邊柔軟舒服的皮革沙發裡，是兩種完全不一樣的喝酒心情。和朋友在遊船上看海上的落日，在自家陽臺上欣賞夜雨時，或是在外登山露營淋透了身體時，也都絕對不是享受同一種酒的情境。

品酒是絕對情緒性的感官活動，心情、友伴、地點、空間，甚至外面是打雷還是下雨都是關鍵。

這一陣子去干邑附近旅行，更有如此的感受。

最好的干邑和最好的葡萄酒一樣，也是不存在的。老是喝同一個牌子，再好的酒，喝多了也是一種罪受。最理想的干邑其實是經常的變化。那種找了很久才又找到的那一支品牌，通常喝起來會像第一次那樣，重逢老友般地教人驚喜。酒櫃裡老是放著同一瓶酒的人，多半是酒鬼，不是品酒好手。

干邑位在法國西南部的夏朗區（Charentes），其酒名聞全球，卻只是一座不到兩萬人的小城，走進城裡最先注意到的一定是滿城飄散的酒香，飄在冬季靜得像面鏡子的夏朗河上，河水在一座十五、十六世紀的城堡邊流過。

城堡裡面封存著法國瓦洛王朝（Les Valois）的一段輝煌記憶。1494年法國文藝復興之父法蘭西斯一世（François I）就誕生在這座城堡裡。在這個小城度過童年，可是二十歲不到就帶著兵隊遠征義大利，因為那裡精緻的藝術品對處女座的他實在太具誘惑，他一心想把義大利變成自己的家，一輩子的功夫都在打仗、收藏藝術作品、建蓋義式城堡，甚至把垂垂老矣的達文西都請來了。最後，傳說年老的藝術家死在正當壯年的國王懷裡。

所以干邑酒香帶有王者之氣，似乎是天經地義的事。

這股王者之氣卻不是豪邁粗獷、天地浩然的。我記得書上讀過，有個法國政治家告訴他的客人干邑該怎麼喝：「干邑不是用『喝』的。首先，拿起酒杯放在掌心，輕輕地用手溫它，慢慢地搖晃，酒液在杯裡呈現一個美麗的流動的弧度旋轉，讓香味緩緩流逸而出。接著拿到鼻下，仔細欣賞它散發出的香味……然後，放下杯，咱們繼續聊天。」

念到這段文字時，我心上一動，彷遇知音：這才是最詩意的品賞干邑的方法。各種胡桃核桃，各種花果乾果香，還有香草香料，錯過這些醉人的香味，也就錯過了干邑的靈魂了。

然而這個香氣卻不是來自酒的本身。

照說每一滴干邑都需經過兩次蒸餾的過程，沒裝桶之前是無色無味的酒精，是裝桶後，經過五十年以上樹齡橡木做的橡木桶培養，讓時間緩緩地幻化出這份獨特的氣質的。經過日曬雨淋的橡木桶會讓儲存在桶裡多年（有時可長達百年以上！）的干邑少量揮發散失在空氣中，城裡終年不散的香氣就是這樣來的。干邑人很浪漫地說，這是「給天使喝的」（la part des anges）。但是天使們可不客氣呢，一年要「喝 」掉一千兩百萬瓶！而培養甘邑的地窖，乾脆就稱之為「 天堂」（paradis），似乎也名副其實……

干邑酒除了得天獨厚的天氣，也還靠得天獨厚的石灰土質，小塊礫石遍地，踩進葡萄田裡不會有滿腳的泥。干邑區因土質的成分將葡萄田分成六大塊：大香檳區（Grande Champagne），小香檳區（Petite Champagne），邊林區（Borderies)，優質林區（Fins Bois)，良質林區（Bons Bois)，普通林區（Bois Ordinaires)。只有最好的兩大塊葡萄田——大香檳區和小香檳區葡萄——釀成的才能冠上 Fine Champagne 之名。 而其中，又以大香檳區所產的干邑為最頂級的。干邑和香檳其實沒有什麼關係，它原意是拉丁文的 campania，指的是義大利那不勒斯一帶「肥沃的土地」，高盧人時期法國很多地方

照說每一滴干邑都需經過兩次蒸餾的過程，沒裝桶之前是無色無味的酒精，是裝桶後，經過五十年以上樹齡橡木做的橡木桶培養，讓時間緩緩地幻化出這份獨特的氣質的。

都用這個字當作地名。後來拼字演變成 champagne，但是香檳酒產區搶在干邑之前將 champagne 用來當酒的專有命名。

我參觀的酒廠 Frapin 位在 Segonzac，就在大香檳區的正中心，和軒尼詩、人頭馬、馬爹利等大品牌相比，它的產量少得多，卻是十二世紀以來由同一家族單傳，而且所有產品全以大香檳區的葡萄釀制，少了國際形象的耀眼，卻多了一分人文家族的氣息。

四個來自不同國家的記者，英國、日本、愛爾蘭和我——臺灣，在釀酒師的引領下，參觀了爬滿蛛絲的數百年歷史的酒窖，最現代化的榨汁機和蒸餾機。最後停留在品酒室，主人好客，將最知名的幾個干邑品牌，一共十八瓶，一字排開，讓我們好好見識比較一下干邑的差異性和豐富性。

我不得不承認，數十瓶干邑——其中不乏久遠如 1907 年份的——擺在眼前是一樁很幸福的事。

干邑酒的魅力並未在各品牌的比較之下，現出高低，反而像八仙過海一般，各顯神通。酒精濃烈的襯托出其他的柔媚，芳香甜膩的反照出他者的剛強堅硬，平時最不容易感受到的細緻味覺，都在相對的互襯下，一一得到最大的展現，每個品牌的特色都教人驚奇。Frapin 出產的 Multi Millésime No. 3 是由三個年份（1982、1983、1986）調配而成，花香繁複，柔潤優雅，是除了兩款年份干邑（1979、1982）外，讓我這個平時極少品嚐烈酒的人非常傾心。

我們一行最後在城堡午餐，堡主 M. Cointreau 親自招待。煎肥肝蕃紅花濃湯、野菇干貝鮭魚酥皮包、苦味軟餡巧克力，由特地請來的星級廚師準備。除了亞洲人，干邑在歐美向來不當佐餐酒的，不過，堡主卻推薦我們可以和某些乾乳酪搭配，倒是很有創意的組合。餐後，自然要請我們再來嚐一次本地的名酒干邑。我忍不住再指定那一款 Multi Millésime No. 3，再回味一下那份溫潤舒暢的順口感受。這次餐後的品嚐，不再是驚豔，卻是與好友驚喜重逢。

離開 Frapin 城堡，下午的陽光正強，城堡周圍都是大香檳區的葡萄田，天空正藍。空氣裡有一絲干邑清淡的香味，若有似無地飄著。喔，天使也在喝酒了。

酒事

Part 03

法國與美國的葡萄酒對決

——1976巴黎大審判

主辦人史帝芬拿到所有評審給的分數時，一臉訝異，繼而一沉，表情極為沉重複雜，旁人實在很難揣測此時他心中的想法。在場的人不多，九位法國評審，兩位主辦人以及唯一的美國記者 Goerge T. Taber 來自《時代》雜誌。

不過這些「旁人」都不是簡單的人物，全是法國葡萄酒界的爍爍名人：巴黎三星餐廳 Taillevent 的老闆 Jean-Claude Vrinat，布根地酒莊 Domaine de Romanée-Conti 莊主 Aubert de Villaine，巴黎三星餐廳 Le Grand Véfour 主廚 Raymond Oliver，以藏酒聞名於世的銀塔餐廳首席侍酒師 Christian Vanneque，葡萄酒研究所長 Michel Dovas，美食雜誌 *Gault-Millau* 業務主管 Claude Dubois-Millot……等人。三十多年前要列出一份夠資格的品酒人選名單，這些人絕對是一時之選。

時間是 1976 年，地點在巴黎的洲際酒店（Inetr Continental Paris），主辦人史帝芬 · 史佩瑞爾（Steven Spurrier）是巴黎馬德蘭酒窖的老闆，波爾多酒的頭號酒迷，店裡陳列的幾乎都是波爾多酒。是他出主意要弄一場盲品比較品酒會，希望引起大家對美國加州酒的興趣，順便幫加州酒做做宣傳廣告。

他萬萬沒有想到這場品評會將成為葡萄酒界的歷史事件。

評品的規則很簡單，分成紅白酒兩組，白酒五支來自布根地，五支來自加州以夏多內（也是布根地白酒的品種）釀製的酒。年份則是72、73、74 都有。紅酒五支來自波爾多，五支加州以卡本內品種釀的，年份多為 70、71。

分數以 20 分為滿分，每個評審給予分數後再平均，最後以均分作排名。主辦人史帝芬和派翠西亞 · 嘉萊潔（Patricia Gallagher）也跟著品嚐，但是他們給的分數不予計算，僅有九名法籍評審給的分數才算。

本來打算紅白酒都品評完畢後，再一起公布排名。可是當白酒分數出現後，史蒂芬決定在品評紅酒前告知所有人，排行結果大出所有人的意外：1. Château Montelena（美國加州 1973)，2. Roulot Meursault Charmes（法國布根地 1973），3. Chalone Vineyard（美國加州 1974)，4. Spring Mountain Vineyard（美國加州 1973），5. Joseph Drouhin Le Clos des Mouches（法國布根地 1973）。

不僅前五名中美國加州占了三名，而且排名第一的也是加州酒。更

1976 年「巴黎大審判」中，紅酒排名第一的是加州酒莊 Stag's Leap Wine Cellars。

Stag's Leap

令人驚訝的是，十一個品酒人給予最高分的都是加州酒！

這個排名公布時當然讓在場所有的品酒專家一陣錯愕，無法相信這個結果。接下來的紅酒一樣教人震撼。

排名第一的仍是當時幾乎沒沒無名的美國加州酒莊 Stag's Leap Wine Cellars（1973），排行二、三、四的才是法國波爾多，分別是：Château Mouton-Rothschild (Pauillac)，Château Montrose，Château Haut-Brion (Pessac-Léognan)，這三支都是 1970 年的，在當時被認為是過去半個世紀最好的年份之一。第五則是美國加州的 Ridge Vineyards Monte Bello（1971）。

無論如何，本來預期法國酒會把美國酒打敗得一敗塗地的場面沒有出現，不僅如此，紅白的第一名都被加州酒拿下，雖然紅酒組的第一、二名的分數非常接近（14.14 v.s. 14.09），至少證明一點：整體加州酒就算無法跟法國酒相比，但是頂級作品絕對不遑相讓。在那個人人都奉法國酒為葡萄酒典範的時代，其實新世界已經開始做出水準相當高的作品。

1976 年五月二十四日是個顛覆世界酒迷對法國酒和新世界酒的迷思的分水嶺，這個歷史性品嚐會後來被稱為「巴黎大審判」（Jugement de Paris）。

這次品嚐會後出現一些有趣的餘波。唯一現場參與的《時代》雜誌記者 Taber 後來寫了一篇短文，將比賽結果公布，後來幾年的時間，他被法國葡萄酒界抵制，成為不受歡迎人物。而當時的部分評審對這件事始終保持緘默，不願發表任何看法，遂讓這件品嚐會始終謎霧環繞。

而法國媒體界幾乎完全消音。原本（預期法國酒大勝）打算大幅報導的美食雜誌 *Gault-Millau* 決定不報，品嚐會後三個月才有第一篇出現在《費加洛報》上，報導語氣輕蔑，認為這個結果「非常可笑」，「不值得認真看待」。之後，《世界報》也出現類似的報導。總之，這件事在法國是很多年後慢慢在葡萄酒界中漫傳，但是一般民眾始終少有人知。

這樣跌破眼鏡的結果自然有不少好事者去做各種解釋和分析。有人認為分數計算不夠科學客觀，有人以為品嚐條件不夠完善，最常被拿來解釋的是：法國酒本來就以耐久著稱，品嚐會上的都是當時新近的年份，美國酒適合年輕時就開飲，後者自然大占便宜。如果多存放幾年，加州酒哪會是法國酒的對手？

真的如此嗎？ 1976 之後，幾乎每隔五年、十年就有好事者將同樣一批酒找出來評比，許多都不是原班人馬。1987 年史帝芬 ‧ 史佩瑞爾以十週年慶為由，重新辦一場，但是因為白酒過老，只評紅酒，結果是前兩名都是加州酒（Clos Du Val Winery 1972 和 Ridge Vineyards Monte Bello）。同年，著名的葡萄酒專業雜誌 *Decanter* 也辦了一場，結果更驚人，排名前五名都是加州酒！

這個葡萄酒界的歷史事件在英美是盡人皆知，在法國卻是個禁忌。和法國人談起來，很多人不知道。知道一點的，經常是一副不屑兼不以為然的神情帶過。即使事隔三十多年了，想了解法國人對這件

事的真實想法？不可能。

2006年是巴黎大審判三十週年，當年主辦人史帝芬・史佩瑞爾近七十高齡，今天是世人皆知的葡萄酒名人，再度鄭重舉辦一場原酒品嚐會。這次分別在美國加州和英國倫敦（據說法國酒莊拒絕在巴黎舉行），兩地各有九個評審。許多人都預期加州酒無法像法國酒那般耐久存。

可是兩地評審看法一致，最高分都給加州的Ridge Monte Bello 1971，甚至排名前五名都是加州酒拿下，法國酒分數最好的是Château Mouton-Rothschild 1970，僅排名第六。連續參與評審的法國品酒名人Michel Dovas對這個結果表示「難以理解」。

更有趣的是，法國媒體對這次巴黎大審判三十週年的態度和三十年前沒有兩樣，媒體幾乎沒有任何報導，倒是英國*Decanter*雜誌以整本專輯將這個歷史事件重新整理一次，讓後來的酒迷們可以溫習這個改變葡萄酒世界的大紀事——當然，仍僅限英美人士。

今日酒迷們都知道，其實好酒到處都有，拍賣價格或是排名高低關乎市場炒作，不是品酒文化。葡萄酒仍是一種和風土結構深厚的產品，可是種植釀造的人卻未必是「當地人」。巴黎大審判之後，加州酒成了市場搶手貨，原本堅守自己土地的法國人開始對太平洋對岸的土地感興趣。

歷史的弔詭是：當年分數排行勝過法國的加州酒莊有一些被法國波爾多莊主買下來了。現在加州產的是美國酒，還是法國酒？還是另一種看不見的更深層的全球化？

Mr. Hugh Johnson，生日快樂！

我的書架上一排葡萄酒書。

大多是每年葡萄酒評鑑和指南，寫作或是買酒時有個參考和依據。有幾本著名侍酒師的酒菜搭配，閒時翻翻也是滿有趣的：吃蘋果派要搭哪種酒，法國傳統菜小牛頭要配哪個產地品種，理由何在……有時看得教人非常無奈，那些建議酒款老是昂貴稀有，或是年份極佳產量極少，如我這種小老百姓只好拿來發揮想像力，看著乾過癮。

也有每隔一段時間得清理一次堆積塞藏在床底桌下，屋子各角落的各種美食葡萄酒雜誌，以及因為記者身分拿到的知名酒莊的專書——酒莊出書寫自家歷史，緬懷家族光輝，有客來訪，贈書是宣傳，也不那麼市儈。

還有各種主題的：葡萄酒字彙，1846 ～ 2006 布根地酒年份紀錄，如何品酒，酒與性別……

一次朋友來家裡吃飯喝酒，我窩在廚房做菜開酒，朋友在書架旁兜轉，忽然說：「咦？你這麼些酒書沒有一本 Parker 的，倒有兩本 Hugh Johnson 的？」我回頭說：「喔，那其實是同一本，不同版本。」

Parker 不是我心中的神，他的分數儘管在全世界呼風喚雨，對我買酒時的參考值卻不大，我和他的口味有別。Hugh Johnson 在我心中分量多些。如果說 Parker 是葡萄界的名流巨星，Hugh Johnson 就是個學者作家，低調含蓄得多，姿態矜持，但是下筆相當有英國人的調調——諷刺兼幽默，一針見血，立刻中的，非常的冷面笑匠。

說來有趣，釀酒是法國人在行，可是品酒這個圈子，卻是被法國人譏笑對美食沒有品味的英國人強得多，而且沒有這麼多會品酒的英國人，法國酒也不會有今日的世界地位。別的不說，單單開瓶器這種喝酒必要配件就是英國人發明的，據說是倫敦神父 Samuel Henshall 發明的，還是由倫敦武器行會會員製作的。更別提，如果不是十八世紀英國人愛喝波爾多酒，今日波爾多酒未必有如此的地位和影響力。

兩百年後的今天，英國人在酒界的全球影響力仍在，Hugh Johnson 是其中的天王人物。

Hugh Johnson 出身英國劍橋國王學院，念的是英國文學（他文筆精粹犀利其來有自）。尚未離開學院象牙塔前就開始對葡萄酒產生興趣，成為「美酒與美食協會」（Wine & Food Society）會員，1960年拿到藝術碩士學位後成為記者，為時尚雜誌 *Vogue* 和《居家與園藝》雜誌（*House & Garden*）撰寫以旅遊和葡萄酒為主題的文章，展開葡萄酒寫作生涯。

Hugh Johnson 以獨特的文字風格，親切易懂的語法和對葡萄酒的熱忱在當時很受歡迎。畢竟那是個什麼東西都尚未全球化，歐洲美國才剛從二次大戰的傷痛中逐漸恢復，西方先進國家經濟開始繁榮，人們慢慢由基本生活條件轉向尋求享樂藝術的七〇年代，葡萄酒可以忘憂解愁，表現品味藝術，也是上流社交的共同話題。

兩年後他被委任為「國際美酒美食協會」（International Wine & Food Society）祕書長，後來接下《美酒美食》雜誌（*Food & Wine*）總編輯職務，同時也是《週日泰晤士報》（*Sunday Times*）的專業葡萄酒撰寫人。1966年他出版了生平第一本重量級著作《葡萄酒》（*Wine*），他大概沒想到這本書被譯成七國語言，銷售百萬冊，一舉將他推上世界重要的葡萄酒作家之列，這本書至今仍不斷改版出版。

不過 Hugh Johnson 著作中的「聖經」，卻是另一本：《世界葡萄酒地圖》（*The World Atlas of Wine*）。他於1969年花了兩年多的時間，走訪世界各地的葡萄酒產區，在那個航空交通不如今日那麼方便，沒有網路行動電話，極少資訊交流的時代，這樣田野調查般的書不論是格局還是野心，都是前所未有的宏大。

《世界葡萄酒地圖》首版於1971年出版，被喻為「葡萄酒書寫史

後排中即為世界極重要的葡萄酒作家 Hugh Johnson。

上的重要記事」。這本書後來成為所有專業葡萄酒人必讀的作品，即使是一般愛酒人想查詢世界葡萄酒資訊，這也是最完整的一本，至今無出其右。出版近四十年來銷售超過四百萬本，譯成十七種語言（中文譯本由積木出版），是葡萄酒作品的超級暢銷書，也是長銷書。另外值得一提的是，2004 年這本書加入另一個作者——英國葡萄酒評女王 Jancis Robinson，成為兩人合著的作品。

2007 年他獲頒大英帝國勳章。

2009 年是這位天王大老的七十大壽，英國、法國各有一場為他老人家慶生的餐會。巴黎這一場主辦人是波爾多頂級酒莊 Château Pavie 莊主 Gérard Perse，地點選在豪華的巴黎喬治五世四季酒店，為了表示英法兩國的葡萄歷史友誼，還特地將英國三星主廚 Michel Roux（Waterside Inn 餐廳，英國女王在溫莎城堡度假時用餐的地方）請來和四季酒店主廚 Eric Briffard 聯手做菜。

我受邀到了餐會才知道，會場來了一幫英國的品酒名家來：Stephen Brook、Oz Clarke、Sarah Kemp、Robert Joseph，以及大名鼎鼎的史帝芬 · 史佩瑞爾，都是當代酒界名宿。照例，餐前總會有一場品酒，這回當然是 Gérard Perse 旗下精英酒莊 Château Pavie 一字排開，從他買下酒莊後第一個年份 1998 年到最新的尚未釀好的 2008 年，共十個年份。

那天的氣氛當然非常的英式，我夾在這群優雅地寒暄點頭握手招呼的英法名流間咂舌品酩，餐會在宮廷般富麗堂皇的大廳，菜當然是一流的。水晶吊燈照耀下，大廳裡的一切顯得格外燦爛閃亮。

我遠遠地看著這個個子不高的葡萄酒大師，心想：七十年的歲月，卻有近半個世紀的生命在葡萄田，地窖和酒杯裡穿梭遊走，用一枝筆寫下對酒的種種滋味風情，除了愛還有什麼可以解釋的？

Mr. Hugh Johnson，Happy Birthday ！

西班牙
釀酒怪咖

2006年我和朋友計劃了一趟葡萄牙、西班牙酒莊採訪旅行，從葡萄牙波特甜酒，經過西班牙著名白酒產地 Rías Baixas、紅酒產地 Rioja，然後從法西邊界的巴斯克上溯到波爾多去。一路上當然有不少驚喜的發現，可是當時還不出名的小產區 Bierzo 卻留下了這趟旅行裡最深刻的記憶。

Bierzo 的紅酒今天當然是許多葡萄酒愛好者追尋的產地之一，當年種植葡萄釀酒的酒廠酒莊還屈指可數。我們邀約採訪的是個年輕的小胖子，一個奇特的釀酒怪咖 Alvaro Palacio。

三十出頭，小個子，身材圓滾，渾圓的臉頰，笑起來眼角的魚尾紋很深，非常靦腆而親切，我們開著他的車子去看他的葡萄園。海拔五、六百公尺的山坡路又窄又陡，路寬只比車身寬一點，從車窗往

西班牙釀酒怪咖 Alvaro Palacio。

下看，往往就是四、五十度以上的懸崖峭壁，一路的風景曠野壯闊，也驚心動魄。路的盡頭是一株老樹，等下要回頭就在這個不到兩、三公尺見方的平臺倒車。

他的葡萄園和附近的景色很不協調，周圍都是無人管理的廢棄坡地，就他這一小塊地，方方正正地劃出範圍，裡面的葡萄老藤歪歪斜斜地長著。斜坡上布滿礫石沙土，腳一滑，踩歪了地就下去谷底了，我嚇得要命，心想：在這種地方種葡萄簡直是玩命。

小胖子種葡萄完全是中世紀的古老方法：用驢犁土，人工採收，再用馬揹葡萄下山去。「過去這裡沒有商業釀酒，葡萄酒只是一般農家釀來自家飲用，不是拿出去賣的。」他說。這裡異常荒僻，土地貧脊，過去農家要種很多農作蔬果，有些拿去賣，有些自家食用，葡萄是最賤的，不太需要照顧施肥，也只是趁其他作物農閒時栽種的，也不費工。而最終是自家釀酒自飲，「所以，過去這裡沒釀出過什麼好酒，也從來沒有多了不起的釀酒文化」。

他曾在法國波爾多學習釀製葡萄酒，回到西班牙後，到處考察採探土地，想買一塊適合的土地自己種植釀製，這裡就是他找到值得一試身手的地方，一來土地便宜，氣候適合，再者，沒有競爭對手。

他在山腳下蓋了間小農舍，養了一頭驢，一頭馬，還有一輛破舊的小貨車。

山上的風很大，乾烈淒苦，附近的植物都長得低矮斜屈，顯然是為了適應這樣的氣候條件。他採用自然動力法（biodynamique）種植，就是不施農藥，不鋤草，不除蟲，看月亮圓缺灑水截枝，觀察自然磁場決定何時採收疏葉。我看了看已經結出小果實的老粗葡萄藤，乾枯低垂，葉子枯黃凋零，每一叢就長幾串稀稀落落的葡萄而已，想也知道，產量不會很大。

他的眼睛有點迷茫，大約是看到很遠的地方和未來去，悠悠地說：「這塊葡萄田種多久已經沒人知道了，總有上百年吧，當年釀的是什麼品種也看不出來了，經過這麼多年，也很可能是許多品種交配過，查也很難查了。」

小胖子在這一帶買了幾塊面積都很小的葡萄田，有的海拔高些，有的低些，有的面南，有的朝西，有的土質多點黏土，有的頁岩比例高點。每塊田都有不同的自然條件。

我們最後來到他的酒窖裡品嚐。由於每個葡萄田面積都很小，產量都是幾千瓶而已，幾個木桶就可釀製，酒窖比一個車庫大不了多少。他用一根細長的玻璃吸管從桶裡汲取出來，倒入酒杯裡。

第一個酒款是單一莊園的 San Martin，因為來自同名的聖馬丁山坡，每年只產兩千瓶。單寧細緻絲滑，口感柔美，儘管只是儲存一年的酒，卻有豔麗的紫羅蘭花香和成熟的無花果草莓，尾韻有甘草和礦石支撐，雖然年輕，已經很順口好喝了。

第二款 Fontelas 偏向較多的香料，薄荷胡椒，少許淡微的香草，但也不少成熟的櫻桃醋栗的果香，口感嚴謹，單寧硬朗，屬於可以耐久存的酒。

第三款是 Moncerbal，因為土質頁岩比例較高，香氣較為封閉，礦石味為主，久之，有甘草八角的氣息，單寧緊實而細緻，口感飽滿，骨架粗壯，是需要一些時間柔化的酒款。

第四款我們嚐的是有最老葡萄藤、黏土較多的 Las Lamas 釀的，這是用 San Martin 和 Moncerbal 兩塊園裡最好的葡萄混釀出的，同時有 San Martin 的細緻優雅和 Moncerbal 的渾厚粗獷，玫瑰紫羅蘭的花香首先蜂擁而出，然後礦石味、煤炭味繼之而來，相當有口感的變化，餘味悠長細膩，也是留予人最多遐想回味的一款。

第五款 Faraona 朝西南方，是海拔最高、葡萄熟得最遲的一塊田，也是單一莊園的葡萄釀製的。一開始香味封閉，沒有太多氣息出現，酒精味重，但是單寧緊實，口感細緻，結構嚴謹，濃郁深沉，不是一款容易親近的酒，需要時間馴服才會釋放屬於自己風格。

最後我們嚐的是他釀的第一個年份 Corullón 1999。燻烤味、火腿味，繼之是八角、人蔘，甚至帶點檀香味，口感輕盈優雅，不僅均衡感極佳，變化也很豐富，這些迷人的味道像旋轉木馬般，流轉呈現。

他的每一款酒的色澤幾乎都深沉黝黑，酒液邊緣泛著清澈異豔的藍紫光芒，雖然每一款都有其獨特風味，卻還是能表現釀酒師追尋的個人風格。有人形容是同一個身體穿不同的衣服。

Corullón 1999 讓我終於明白為何他這個第一年份一出現就驚豔葡萄酒界，他從一個沒有葡萄酒的地方憑空釀出一支好酒，貧脊惡劣的天候，不知名的老樹品種，堅持老掉牙的古老釀製方法，一款他處沒有也無能複製的奇特風味。當時這款酒已經過了六年，熟成的狀態極佳，再儲存十年絕對不成問題。

他成名後，開始為大酒廠釀製或做顧問，現在不難找到以他掛名的酒，他和其他合夥人成立一個公司品牌 Descendientes de J. Palacio，現在是西班牙乃至全世界知名的葡萄酒品牌，釀酒地遍及西班牙最重要的幾個產地。他的葡萄田也擴大了不少，最便宜的 Petalos 一支只要十來歐元，產量極大，也不是太難找到的東西，可是上述那幾支酒的價格已經飆到一般人買不起的高價了。

當然，最重要的是每年僅幾千瓶的產量，市場上極難找到。此後，我卻再也沒機會嚐到其他年份，當年僅有三千瓶的 Corullón 1999 更是罕見，至今已成酒迷的收藏品了。採訪時嚐到的那幾口成為曇花一現的緣分。

這幾年我開始喝一點西班牙酒，每年總有兩、三趟到西班牙各地採訪旅行的機會，許多酒和產地都給我留下很深刻印象，然而 Palacio 這幾款始終是我最難忘的幾支。找出當年的採訪筆記寫這篇回憶，心情難免帶點惆悵，雖然知道我的私藏酒單裡還有一支捨不得開的 Corullón 1999。

不知為何，喝酒往往讓我感到生命的愉悅，可也有更多宿命的感嘆。

四十年的夢想，倒著時光喝回去

對一個愛酒人來說，這簡直是個夢幻場景：一張兩、三公尺的長桌上，同一間酒莊依年份整齊排列，從 1969 年至 1999 年，繞桌子一圈正好可以嚐遍。另一張短桌則是最近的另一個十年 2000 ～ 2008 年。

大片落地窗外有個露天座，幾張散落的褐色藤製躺椅上鋪著白色坐墊，坐下來後視野望去，是遼廣的綠色葡萄園，仔細看，葉子的陰影裡，纍纍的紫黑色熟透的葡萄串沉沉地掛著。九月的陽光下天空清朗湛藍，看得極遠，沒有太多的起伏高低，地平線盡頭一條土黃色的河流，是吉隆德河，東西橫向流向大西洋。

靠窗，一個身影纖瘦的女子眼前一杯酒一臺電腦，不斷地重複著品酒／打電腦的動作，神情專注認真，也沒人敢去打擾她。我倒

Château
HAUT - MÉDOC
1969
BOUTEILLE AU CHATEAU

是一眼就認出：她是當今全球酒界最具影響力的品酒師之一，少數足以和 Hugh Johnson、Parker 平起平坐的英國酒評名人 Jancis Robinson。

這是法國 2009 年九月相當令人期待的一場品酒會，波爾多梅多克產地的知名酒莊 Sociando-Mallet 為了紀念現任莊主釀製四十個年份，將 1969 年起親手釀製的第一個年份到最新的 2008 年作完整的年份品嚐，而窗外那些纍纍成串的葡萄是正式等待收成的第四十個年份。因為有些年份稀少珍貴只開一瓶，僅有七、八個品酒人受邀，能夠受邀，我倍覺榮幸。

迎接我們的當然就是酒界的傳奇人物，高齡八十歲的莊主 Jean Gautreau。儘管背脊被歲月沉壓得有些佝僂，一頭不怎麼規矩的白髮和洪亮有勁的說話聲仍讓人感受到他的熱情爽朗，個性或許有點不羈，話裡有對世事不屑的姿態——一如他的酒，一如他四十年來對酒的熱情和態度。

我沒有太多時間寒暄，事前被告知這場四十年品酒會裡有些年份僅有一瓶，而且午餐餐桌已經布置好了，稍有疑遲，可能要抱憾一些年份了……這樣的品酒是要有點策略的，如果照年份規矩來，有些老年份可能早被喝光了。我決定從上個世紀最後一年 1999 年倒著時光往回喝起，追溯回 1969 那個神祕年份。

整體來說，Sociando-Mallet 的風格非常嚴謹，波爾多左岸經常用晚熟且較禁得起時間考驗和儲存的卡本內為主釀品種，輔以甜熟圓潤的梅洛品種釀製，過去百年，這是為何波爾多葡萄酒可以有陳年潛力的重要原因，也是許多新世界葡萄酒莊渴羨與模仿的經典風格。80 年起強調年輕即可甜美可口的車庫酒莊風潮一起，曾經動搖過這裡一些酒莊的自信，對於是否要隨時代與消費市場的流向而改變，有過爭議。

但是 Sociando-Mallet 始終站在他自己的堅持：比例相等的卡本內—蘇維濃和梅洛來釀製（各約 47 ～ 48%），前者堅硬扎實，當骨架結構；後者柔美豐厚，當肌理血肉，然後補上約 5% 的卡本內—弗朗增添香氣，也讓酒質多一些變化和細節。

所以幾乎整個九〇年代的 Sociando-Mallet 都仍顯得年輕強健，95、96、98 是我個人較喜愛的年份，香氣仍飽滿豐盈，儘管已經十年以上，仍不顯一絲老態。93 年則有點特殊，格外地優雅純淨，薄荷和尤加利葉的香氣尤其凸顯，極有個性。94 表現得封閉頑固，97 年帶有熱氣，尾韻略有苦味，雖有菌菇和少許果香，仍不是很得人心。

1980 ～ 1990 年該是 Sociando-Mallet 四十年中最精采的一段歲月：帶有巴薩米克陳年香醋氣息，雪松、雪茄等迷人味道，深沉也神祕的 82 年；滋味豐富，層次多變，幾乎沒有缺陷的 86 年；有點甜熟果醬味道，香料氣息柔順爽口，單寧舒美圓潤，讓人捨不得吐掉的 89 年；還有結構完整，已達完美熟成，無懈可擊一如藝術作品的 90 年……實在太精采了！這幾支無疑地是過去酒莊四十年的巔峰極致。

1969 ～ 1979 年這些距今超過三十年以上的老酒所表現的，正是和時間賽跑的結果。在我看來，78 是最好的一年——香氣仍活潑豐

Sociando-Mallet 的莊主 Jean Gautreau。

富，口感宜人，雖然以皮革、可可味道為主調，但是少許的果醬、酸梅和薄荷肉桂等香料都讓人不得不佩服這支老得很漂亮優雅的酒確實風韻猶存。75 和 76 感覺已經纖瘦無力，有點迴光返照的意思，入口後，細緻的酸味轉成餘味，是不能再熟成下去的。72、73、74 都呈現氧化的跡象，已經沒有太多喝酒的樂趣了。最老的 69，年份本身並不讓人特別期待，除了那不是一個氣候採收各條件都好的年份之外，同時莊主剛買下時，無論是葡萄園或是釀酒設備都成荒廢狀態，Jean Gautreau 自己說當時釀這支酒的條件是「盡己所能」。

已經四十年的 69 雖然沒有氧化，可是喝來應該是情感與時間感的情緒居多吧？出人意外的該是 70 年，在品嚐時只覺得它乾瘦健朗，礦石火藥味為重，單寧澀感所剩極少，沒有太多個性。但是餐會時，我將它拿來搭配烤牛肉牛肝菇，發現它彷彿甦醒過來，比剛才豐滿，有更多的肌理口感，搭配肉汁牛肝菇實在是絕配。

我喝到這裡才發現，酒忽然之間得到一種生命能量的挹注，活了過來，酒和食物的對話互動，酒的滋味徹底地被彰顯出來。喝酒有的愉悅、感動，緩緩湧現，像是隔著時空目睹四十年前一個中年男子帶著一腔熱血和傻勁，在條件有限的土地設備裡，在烈日藍天下，用熱情釀製夢想。

莊主 Jean Gautreau 說過，他從來不是要釀製年輕易飲的酒，總要十年、二十年的熟成。這個理念想法在現代市場上或許有點過時，但是當你嚐到三、四十年的老酒時，就能體會它的價值和深意。

四十年，同一塊土地同一個人，不同的氣候不同的收成，釀出的酒該用什麼比喻？像蘇俄娃娃，一個套一個，每個都神似，卻大小不一？還是一本老相簿，像看一個人從小到大的成長變化？還是安迪沃荷的藝術作品，同一個影像不斷地被再版複製，每個影像卻都有一點點不同，最後，每一個都是獨立不同的？

餐會之後，我們匆忙上車趕飛機回巴黎。臨上車前有人去田裡摘了一串葡萄，小小的顆粒並非緊密地擠在一起，而是有點鬆散，顆顆飽滿彈實。問明了是卡本內—蘇維濃品種，車子啟動了，眾人笑分著品嚐這串無緣釀成酒的葡萄：甜熟而微酸，葡萄皮厚而有彈性，這是即將在下週採收釀製成 2009 年的葡萄，八十歲莊主 Jean Gautreau 手中釀的第四十個年份的酒。

今年的葡萄熟得早了，往年經常要等到九月底甚至十月中才採收完成的。沒有人能預期 2009 這個年份是否能熟成儲存四十年，但是在這個未知裡，有很多的夢想和期待（注）。

而夢想和期待，有時就是完成一支好酒的精神和靈魂。

注：現在我們知道了，2009 年的波爾多是個極佳的年份，儲存實力很強。

買個莊園自己釀

法國朋友 Jean-Charles 跟我喝咖啡時，忽然冒出一句話：「買個酒莊自己來釀酒，你覺得如何？」說這句話的時候，他的眼神熱烈期待，卻又有點心虛不安。

今年四十三歲， Jean-Charles 的生活其實再好不過了：跨國汽車公司高級主管，高薪高位，車子房子家庭都有了，可老覺得少了什麼。我這個法國朋友顯然正在面臨中年危機。

這幾年他開始覺得體力不如以前，對婚姻厭倦，對一成不變的工作厭倦，對社會壓力、家庭壓力厭倦。人生已過半，還不知為誰而活，為啥而活。

我帶著狐疑的眼光看著他，他開始興奮地說起這個念頭：「你知道

我對葡萄酒很著迷，也多少有點釀酒知識。自己釀酒的念頭在我腦裡醞釀很久了，可不是我一時興起喔。」然後，他又語重心長地補了一句：「我希望下半輩子做自己喜歡的事。」

懂吃的老饕經常也會手癢，想親自下廚體驗一下。如果你是喝酒喝上癮的人，參觀過釀製，走過陳年酒窖，摸過橡木桶，了解榨汁採收的繁瑣細節，聞過葡萄發酵的氣味，踩過各種黏土砂石礫石鵝卵石各種土質葡萄園的人，真的，你一定會心癢難耐，不禁自問：「如果自己來釀呢？」

葡萄品質絕佳，土地條件無敵，釀製過程精巧細心，明明可以成就一瓶頂級佳釀的醇美好酒，偏偏莊主趕潮流，在新橡木桶裡多放了幾個月，過於濃膩的木桶氣扼殺了這支好酒，像身材臉孔姣好誘人的妙齡女郎穿上一件俗不可耐的村姑裝。不是不煞風景的。

事實上，在法國，買酒莊的熱潮已經悄悄地發燒了很多年，可能因為全球性的金融危機和對未來的焦燥不安，讓很多中年事業有成的人開始思考最根本的生命價值：想這樣過下半輩子嗎？對於已經沒有太多金錢壓力的富豪來說，中年築夢，不是不可能。

法國葡萄酒界有兩個典型的成功例子。本來是法國一間冷凍食品公司總裁，Olivier Decelle 於 1999 年賣掉所有的股份，在法國西南部買下當時知名度不高且附近葡萄園多半荒廢的 Mas Amiel 莊園。那時很多人都認為這簡直是自殺行徑，喝酒喝到頭殼壞去了！

但是後來證明他的眼光是對的，他不但將一座籍籍無名的酒莊推上國際舞臺，且帶動西南部 Maury 附近葡萄酒產區重生。現在他旗下有三、四座酒莊，包括品質水準不差的波爾多 Château Jean-Faure 和 Château Bellevue。

另一個更成功的人物是 Gérard Perse，他本來是經營超市賣場的企業家，1998 年將他過去累積的財富轉為投資釀酒事業，買下葡萄園管理不佳的波爾多酒莊 Château Pavie。當時連銀行都不願意貸款給他。

可是十多年後的今天，他已經是個擁有近十個頂級城堡的大莊主，除了旗艦酒莊 Château Pavie 外，Château Pavie-Decesse、Château Monbousquet、Clos Les Lunnelles 、Château Bellevue-Mondotte 等都是品質極佳的好酒。好年份的 Château Pavie 甚至一瓶難求，2000 年那一款，著名的酒評家 Parker 給它一百分！

其實買酒莊是富豪昂貴的嗜好，門檻最低也不是一般人玩得起的：以法國為例，一個十公頃左右的小莊園，無論在哪個產區，起碼要掏得出五百萬歐元（兩億臺幣）閒錢的人才玩得起。

但是想買酒莊來玩酒，最重要的還不是錢而已。

手癢想自己釀酒，自然是釀自己喜歡喝的。喜歡布根地單一品種釀出的優雅果香，就不要去搞波爾多那一套需要不同品種來調配的。喜歡濃重粗獷的，最好買隆河谷地教皇新堡（Châteauneuf-du-Pape），別去碰羅亞爾河谷的 Sancerre。愛煞甜酒的，不妨考慮波爾多的索甸，西南部的 Maury、Banyuls 或是亞爾薩斯的遲摘。

除此之外，還要弄清楚歐盟對農產品的許多複雜繁瑣的規矩。比如 A. O. C. 這樣的制度（歐盟 A. O. P.）。每個地區的 A. O. C. 會規定你只能種哪些品種的葡萄，儲存橡木桶的時間，發酵的方式溫度，採收的日期，調配品種的比例……甚至去檢查木桶是不是洗得夠乾淨。

喜愛豪宅遊艇的人，不見得會想去買建築公司或遊艇公司來完成夢想，畢竟那些都是可以量身訂做的產品。但是酒不一樣。打個比方，像廚師做菜。

好廚師不僅要懂得做菜，還要懂得挑菜。最好，自己還會上山下海去了解筍子如何長出來的，鱸魚是怎麼捕上岸的，豬牛是怎麼養肥怎麼宰殺的。釀酒的各種細節絕對只會更複雜，不會更單純：長期研究氣候變化，土地結構，泡皮浸皮，攪桶換桶……還要有很大的耐心，每次的嘗試考驗，通常要幾個月，甚至一、兩年後才能知道自己的判斷對不對，釀出的酒是不是自己期望的。換句話說，除了金錢上的投資，個人心血和精神上的投資更是驚人。

說到底，釀酒是一分結合釀酒人、種田人和藝術家於一身的奇特工作。

法國葡萄酒莊園買賣專家 Stéphane Paillard 說得很清楚：「買莊園自己釀酒，首先要對釀酒（不僅僅是品酒）有極大的熱忱，再者，不能抱著投資回本或是賺錢的心態。投資酒廠賺錢是另一種的行業。」

最後，我對常有瘋狂之舉的Jean-Charles說：「自己釀酒聽起來浪漫，其實是個很昂貴的嗜好，代價可能也不小。」（我的意思是：萬一釀出來難喝，自己喝不完，賣不掉，拿出去又得罪朋友……但朋友顯然沒聽懂。）

Jean-Charles 聽完我的分析，沉思了一下，悠悠地嘆了口氣：「我想了很久，如果讓我選一個願意一輩子投入的工作，還是只有酒。我很少這麼肯定自己要一個東西，當年結婚都還沒這麼堅定呢！」

和朋友聊完這席話後，我把 Stéphane Paillard 的公司網站 www.bureauviticole.fr 傳給 Jean-Charles。望著窗外的巴黎秋天，腦子浮現這樣的景象：朋友在他的城堡裡舉行晚宴，白布長桌燭光螢螢，四周是成排成排的肥胖橡木桶，空氣裡散發著葡萄酒迷人的香氣，周圍衣香鬢影，人影婆娑，非常有美國二〇年代大亨小傳的風情。

我覺得自己在笑。我愛喝酒，不會自己跑去釀酒，但是絕不反對有個朋友釀幾支好酒來請我喝！

葡萄酒調味劑

——百年老樹做成的木桶

消息傳出時，立刻引起全球頂級酒莊的高度注意：一棵樹齡高達三百四十年的橡木被法國知名的酒桶製造商 La Tonnellerie Sylvain 買下，將做成約六十個酒桶。以三百多年的樹木做成的木桶釀出來的酒會是什麼樣的滋味？沒人知道，因為這將是前所未有的事。

這株高三十九公尺，根部直徑達一點三公尺，誕生在法國太陽王路易十四時代（約 1660 年）的橡樹一直是法國中部 Tronçais 樹林裡的樹王。過去數百年來，始終由政府機關記錄其生長狀態，監管，防止盜採。但是 2004 年法國國家林務局因其老化衰竭，決定將之砍伐。最後酒桶製造商 La Tonnellerie Sylvain 以近四萬歐元的高價標下，並宣布將製造成釀酒木桶。

Tronçais 向來以生長製作高品質木桶的橡樹——生長緩慢，質地細

VICARD
TONNELLERIES
12 MOIS
Château
Saint Julien

密，香味雅致——聞名，很多波爾多頂級酒莊都指定採用這裡生長的橡樹做的木桶釀酒。雖然無人可預測如此高齡的老樹會對葡萄酒產生什麼樣的影響，但可以確知的是，這批老木的香草香味極為綿密細緻，絕非一般木材可比擬。

命名為「Collection」Morat 09 的釀酒桶為二百二十五公升的標準波爾多桶，第一批的十個將在波爾多高級旅館（Grand Hôtel de Bordeaux）進行拍賣競標。據說知名的酒莊如 Château Mouton Rothschild、Château Cheval Blanc、Château Pavie……等對此表示勢在必得的意願。屆時這些有幸標到如此珍貴木桶的酒莊肯定會推出限量極少的酒款，因為一個酒桶僅釀三百瓶，六十個木桶不過一萬八千瓶。

有多少幸運者能一嚐如此珍稀罕貴的酒呢？

或者我們可以換個角度問：如此高齡的木頭製作的橡木桶真的會出現夢幻佳釀嗎？或者僅僅又是一場行銷手段、廣告策略？

橡木桶味道對葡萄酒有若女子的一襲衣衫，太厚太重徒然掩蓋了一身姣好美妙的身材；太過單薄又顯得膚淺輕佻。如何穿得恰到好處，如何穿出一身風味，那是對釀酒師極大的考驗。

愛酒者都應該記得，90 年代風行一時的車庫酒莊運動，當時為了追求年輕時即可適飲的酒，許多菁英酒莊用 200% 的木桶釀製，燻烤木桶，使香草、雪松、咖啡等氣息更快融入酒體中。雖然好的橡木桶價格高昂，但是我們這個「時間比金錢更可貴」的時代，不但節省釀酒成本、儲酒空間和資金壓力，同時也掀起一股流行風潮。木桶味重一度是市場主流，愈濃重的風格愈能在酒的評比中拿下高分。這股潮流改變了好酒必須陳年的葡萄酒史觀。

可惜，過重的木桶味道也顯得肥厚擁腫，矯揉造作，往往淪為「庸脂俗粉」，非常不耐品咂。

記得幾年前在巴黎的一場餐酒會上，桌上擺出的是某知名莊主的酒。該集團旗下有十幾個酒莊，那天有兩支波爾多的特級紅白酒，我正對面就是酒莊釀酒師之一。餐會酒酣耳熱之際，聊的話題當然是酒，尤其是正在喝的酒。偏偏我對這兩支酒非常不領情，木頭味道濃膩而渾重，嚐了兩口後，我改喝香檳一路到底，對面的釀酒師一臉難看，也是相陪到底。

我當時一直反問自己：「我不反對橡木桶給酒體帶來豐饒複雜的風味，可是為何那兩支酒那麼不得我心？」過了許多年，無意中我又喝到同樣酒款、同樣年份的作品，一入口，回憶湧上心頭。這一回雖沒有幾年前那次給我的印象惡劣，也還是不喜歡，但那木頭顯然已經轉換成其他更柔順圓潤的味道。用個簡單的比喻，就像料理是否入味一樣。

我恍然悟到：問題不僅是木頭味道的多寡，還是木頭是否與酒的其他香味包裹相融。用個簡單的比喻，就像料理是否入味一樣。

融合／入味在滋味的世界中最需要的元素可能是：時間。

橡木桶的製作要將木片燻烤圈箍成形，燻烤的程度也相對影響釀出的酒。酒莊經常要根據所追尋的風味，葡萄品種（與木頭味道的融合程度有別），年份收成好壞……等等因素考量如何以木桶釀酒。

如果波爾多酒過去數百年以耐久存，熟成時間長而確立其葡萄酒王國的地位，橡木桶的巧妙運用極為重要。然而上述那股車庫酒莊追求濃厚木桶味道的風潮一度差點成為扼殺葡萄酒的毒手：為了讓木頭更快更易融入酒體中，在釀酒過程中放進木屑成為一種簡易速成的手段，像做菜時加味素一樣。

真正的道理何在我不清楚，可是橡木桶裡的木頭味道確實如葡萄酒的調味料一樣，成也木頭，敗也木頭。這一點，在威士忌一類的烈酒中別容易感受到，許多烈酒的風味幾乎完全靠（使用過的）木桶「調製」其風味。

最近十年木桶味道的風潮漸歇，世界主流口味強調均衡與風土，或許是對健康自然的追求，也或許是對這種口味的膩煩。不過我總認為，真正偉大的經典還是在潮流之外的，管它木不木頭。

別跟酒杯過不去

薄酒萊上市那天剛好朋友請吃飯。

當主人的朋友備了一支薄酒萊，我拎了一支，另外一個朋友還帶了一支。我到的時候，先來的人已經喝將起來，開始對 2007 年的薄酒萊品頭論足。我一坐上吧臺，朋友拿出酒杯幫我倒了一杯。

我呆看著杯子好幾秒，朋友趕緊問:「怎麼了？杯裡有蟑螂？」我說:「不是啦……請問有沒有其他的杯子？這種杯子其實喝不出酒的香味呢……」朋友說：「一般法國人不都用這種酒杯？通常法國餐廳也都是這種的啊。」

好吧，我承認自己有點吹毛求疵，不過就一杯小酒，一個高腳酒杯應付著喝沒什麼不對。朋友說得也沒錯，法國最常見的就是這種杯肚短小肥圓，杯口沒有收起來的高腳酒杯。說得難聽點，這種酒杯的功能只有裝酒，沒有其他值得欣賞的功能。杯肚短（只有五、六公分高），酒香無法散發，沒有收口，散發的酒香無法凝聚，連想裝模作樣附庸風雅地搖杯假裝品酒都難，一不小心，就搖得酒水四濺，淋漓狼狽，禍及殃鄰。很難想像，法國這樣號稱葡萄酒文化大國，卻是最不重視酒杯的國家。或許喝酒是一件太平凡太日常的事，太鄭重就顯得做作了。

幾年前我去了好幾次西班牙、葡萄牙旅行，從波特到里斯本，從安達魯西亞到里歐哈，最偏僻的荒僻小鎮酒吧裡一杯一兩歐元的小酒都還是用容量大，杯肚寬，適合品賞的酒杯。幾個星期旅行下來，從西班牙的巴斯克進到法國土地，酒吧餐桌上的酒杯突然小了一號，酒也變得枯燥無趣，怎樣都喝不出酒的好處。一時間悵然枉然，突然覺得法國人其實不是那麼會喝酒。

回到巴黎第一件事就是去買幾支像樣的酒杯回家。

什麼是「正確 」的酒杯？

愛酒人絕對講究酒杯，專業酒杯的造型也都是經過品酒師工匠聯手設計。最普通常見的兩種葡萄酒杯就是波爾多杯和布根地杯，看名字也知道，前者專用來品嚐波爾多酒，後者是布根地。前者開口大，後者肚大形若圓球，到嘴口就收了。

同樣是葡萄酒，為何要有不同造型和效果的杯子呢？簡單地說，這是直接牽涉到葡萄品種的特色。波爾多酒以混種為主，通常香氣濃

布根地最迷人的氣息是它清靈優雅，極易逸散的水果香，如果杯口沒有較為收縮，無法凝聚香氣，喝酒的樂趣就少了一大半。

這是鬱金香型香檳杯，杯肚略大，杯口微收，讓冒上來的香氣更集中在杯口，以便品者聞香。

厚沉鬱，香氣的散發比較遲緩，而布根地的黑皮諾品種最迷人的氣息是它清靈優雅，極易逸散的水果香，如果杯口沒有較為收縮，無法凝聚香氣，喝酒的樂趣就少了一大半。

這幾年還有一種無腳品酒杯問世，有個詭異的名字：無情者（impitoyable）。專家們對它的意見不一，原因很簡單，一般酒杯是為了凸顯酒的特性和優點，這款奇特的酒杯剛好相反，它會放大酒的缺陷，任何令人不快的味道都一覽無遺。有人說它是照妖鏡，專門給名酒吐槽，這簡直就是跟自己過不去。也有人認為，不是猛龍不過江，是好酒，就不用擔心有什麼見不得人的缺點暴露，真金不怕火煉。

酒杯的研究設計到了簡直吹毛求疵的地步。我曾參加過一個北歐設計師的酒杯新款發表會，除了分紅白酒杯、香檳杯、甜酒杯……等等，其中還有一組新酒杯和老酒杯，意即，這兩款分別用來品嚐新酒和老酒的。設計師解說道，因為新酒香味分子活潑好動，杯肚高度高，活動空間較大，杯口縮小，凝聚香氣。老酒杯香味分子活動力遲滯緩怠，所以酒杯高度低，讓鼻子可以很直接地聞到香味。

不過再神奇的酒杯也不能讓劣酒變好酒，它只能像衣著粉裝，將村姑扮得更俏皮可愛，或是讓貴婦更華麗動人，卻絕不可能讓麻雀變鳳凰，或是青蛙變王子。但是美麗的酒杯確實迷人，有時光欣賞造型光度就是一種享受。

法國水晶品牌 Bacarat 推出過專喝世界最貴的紅酒的 Romanée-Conti 杯，當然也有專喝 Pétrus 的 Pétrus 杯、專喝 Château Latour 的

Latour 杯。至於它們是否那麼神奇，可以將世界最貴的紅酒喝出讓人欲死欲仙的滋味我就不清楚了，因為這種名杯雖然不至於像品嚐的酒那麼貴，卻也不便宜：都在萬元以上。這大約是世界上最貴的酒杯了。

口袋裡有這樣的閒錢，我寧可再去買支好酒來喝。有時候我也在想，如果拿 Romanée-Conti、Pétrus 這一類被稱為理想完美的佳釀用無情杯喝，到底會喝到什麼？如果拿 Romanée-Conti 杯喝薄酒萊新酒，又會喝出什麼？

好酒哪裡藏？

我在巴黎的家只是個簡單的公寓，小而齊整，該有的都不缺，獨獨沒有儲酒的地方。

儘管不是大戶，家裡也總備著幾支酒：老酒、香檳、紅酒、白酒、適飲的、待熟成的、捨不得喝的、朋友寄存的……一箱箱分門別類地置放塞藏在屋裡床下衣櫃天花板，各處陰涼幽暗的角落，充分利用空間。這當然不是理想的儲酒方式，而且壞處不少，常常不記得哪支酒是在床底下還是天花板夾層裡。總之，我不是儲酒的好模範。我的喝酒理念也不複雜，酒不是珠寶骨董，不是拿來天長地久海誓山盟的，對的人對的時刻，該喝就喝。

可是請朋友來家裡吃飯喝酒就知道麻煩了：上天下海，翻箱倒櫃，腦海裡明白記得有那麼一支酒，偏偏不知藏到何處去了，結果總是

重新整理一次藏酒。前一陣子請朋友來家裡吃飯，白酒香檳放冰箱，仔細研究一下挑出的紅酒，是否該先開瓶醒酒。但這一天我陡然發現一件可怕的事實：床下衣櫃天花板挖出來的酒溫度太高了。

這幾年氣溫反常，季節異變，夏季高熱，冬季酷寒不再像過去只是持續幾天，往往是幾個星期，甚至長達數個月。來吃飯喝酒的朋友也不是等閒之輩，拿起杯子嚐了一口，說話了：「這酒太熱了。」我也這麼覺得。朋友又說了：「你需要一個酒窖。」

就算再怎麼說服欺騙自己，酒盡早喝掉，心下也難免惶惶戚戚，心愛的酒正在受苦受難，光想就教人輾轉難眠。

一個殘酷的事實是：大都市裡想要有個理想的酒窖實在難上加難。

什麼是理想的酒窖？根據經驗人士的說法是：一個封閉，陰暗的地方（光線會破壞酒質，最好是天然的、地下的空間），沒有噪音（音波會影響酒的穩定），不可有怪味（酒會吸收氣味）。要通風卻不能有空氣流動，要有點溼度又不能太溼（影響瓶塞的狀態），最重要的是溫度變化不能過於劇烈（特別是冬夏溫差），最好維持恆溫十一～十二度，這是最佳的儲酒狀態。

老實說，如果你有個空間溫度不會超過十六度以上，這些問題都有解決辦法。安置通風機來改善氣流；溼度機來增加或降低溼度；溫控機可以控溫。萬一有音波干擾，可以將酒架放在橡膠板上減低波動。可是如果這個地方是在火爐邊，或是有瀰漫不散的嚴重怪味，那還是放棄吧，這種地方永遠都不可能變成一個理想的儲酒窖。

如果閣下家裡有個空房間，那比較容易解決，改成一個符合上述條件的儲酒間，只是花點錢和功夫而已。我就有個朋友在自家院子裡蓋了個控溼控溫的房間當儲酒庫，本來只打算儲酒，後來發現妙用無窮，院子裡剛摘的蔬果，沒吃完的巧克力，蛋糕飲料罐頭醃瓜，只要不影響酒的東西都可以存放。

大多數的都市人面對的恐怕不是如何改善一個不完美的酒窖，而是根本沒有可以當酒窖的空間。買酒櫃似乎是個一勞永逸也是唯一的辦法，管它溫度溼度，管它噪音氣流，一次解決。

然而，酒櫃是個辦法，卻未必沒有問題。首先酒櫃並不便宜，一個容量二、三十支的酒櫃動輒數萬元，所費不貲。而真正的問題往往出現在之後：這種酒櫃容量小，你很快就會發現需要再買一個了。

那買個大點的，容量上百支的不就行了？這又嫌占地方，再說體積大的酒櫃，馬達聲音也大，產生的噪音對於環境安靜要求高的人，不易忍受。

選酒櫃的另一個難題是：哪種酒櫃？酒櫃大致分兩種，一種是用來存放需要陳年熟成的（盡量不要翻動）；一種是存放已達適飲期的酒（隨時可以取出開瓶），這兩種酒所需的溫溼度是不一樣的。愛酒人的家裡往往這兩種酒的都有，真的講究起來，難不成還是要買兩個酒櫃分開儲存？也有酒櫃有兩層區分不同的溫溼度，但是體積肯定小不下來，空間始終是個問題。

安置酒瓶是另一個傷腦筋的事。基本的原則是紅酒在上層，白酒接

有人說搞酒窖是愛酒人的玩具，積山堆土，層層疊疊，像拼組一方積木或是拼圖，雖有規則可循，卻有無限的可能，且看得出主人的品味和風格。

Meurgis

近地面，等待熟成陳年的酒放在不易被碰觸移動的內處或是深處，適飲的酒在外面，隨時可以取用。買來的酒如果是在硬紙箱裡，最好取出來，不要放在紙箱中；如果是在木盒中，倒是可以整個連木盒一起存放，哪一天要拿出來拍賣出售可以保存其完整性和真實性。可是也不能完全不開箱，因為你還是必須不時地檢視這些酒的保存狀態，是否有漏酒或是發霉的情形。

即使搞定複雜儲酒條件，此時離無瑕的完美酒窖還遠著呢。你需要有一本帳簿一樣的紀錄簿，詳細記下藏酒的國別／產地／年份／酒莊／酒款／數量，還有加注欄，記下每支酒的現狀、可儲存的潛力時間、何時品嚐過、預計多久達適飲期……等。當然，要花點時間定期將每一批酒開一瓶來試飲，以了解每款酒熟成陳年的變化。

再來是最難的部分：每種酒的比例如何搭配組合？這牽涉到每個人每年喝的數量，偏好的產地，預算的多寡。以下是法國名品酒家以150支藏酒的建議比例：波爾多40支（紅30白10），布根地30支（紅15白15），隆河谷地25支（紅19白6），羅亞爾河12支（紅5白7），法國西南部10支（紅7白3），普羅旺斯8支，亞爾薩斯7支，侏羅區4支，郎格多克——羅西昂4支，香檳和其他10支。

這份單子當然是法國大沙文主義心態的產物，完全以法國酒為主，只能當參考。如果家裡只有十支香檳可喝，我大概每天都會失眠。另外，還有幾點要留意的：避免讓一大批酒同時達到適飲期，老是喝同樣的酒，儲酒種類愈豐富多元愈能應付各種喝酒的氣氛場合或是各式各樣的料理。年輕時即可開瓶暢飲的新酒（如薄酒萊新酒），放個一、兩年就可喝的酒，需五～十年方才熟成的，需十～二十年以上的耐心等候的……。

有人說搞酒窖是愛酒人的玩具，積山堆土，層層疊疊，像拼組一方積木或是拼圖，雖有規則可循，卻有無限的可能，且看得出主人的品味和風格。

或許都市人完美的酒窖是：葡萄酒專賣店出租的儲酒空間，可以將您珍貴的波爾多五大、DRC，或是某個拍賣會上搶標下來的陳年干邑威士忌放在一個最理想的儲藏之處。這種地方保存條件絕佳，又不占用閣下家裡的空間，有專人替您管理清潔整理，多半還有保險，萬一有什麼天災人禍，也有點保障理賠。

唯一的遺憾是：您無法隨時探視撫摸這些心血累積而成的珍藏，友人來訪也無法展現一下多年的努力和閣下的品味。更糟的是，哪個深遠幽靜雨雪霏霏的深夜，晚風徐來彩霞滿天的黃昏，或是忽然詩興大發想舉杯邀明月時……無酒可喝，那真是非常非常掃興了。

兩年前搬家的時候，從床底下翻出一箱被我遺忘多年的 Chablis Grand Cru 1990，心下一驚，非常擔心這幾支被遺忘的酒已經不堪品酩了。找了一天請幾個朋友來家裡吃飯，心裡忐忑不安地打開這支酒，驚喜地發現它正進入最佳的品嚐期，酒香豐盈富饒，醇厚溫順，每一口都好喝到不行。我天生鄉愿，知道這酒沒壞是運氣，所以喝來格外有僥倖之感，像是路上撿來的。

可也就是這幾支僥倖的酒，讓我對儲酒一事變得更焦慮了。

味覺的指揮家

——侍酒師

我認識的飛利浦有一頭胡椒鹽色的頭髮，微捲，和眼角邊的魚尾紋上揚的弧度一樣。下巴有一大叢鬍子，也是胡椒鹽，臉藏在另一叢胡椒鹽鬍子裡，笑起來有孩子的稚氣，眼神出奇的溫柔，而且充滿自信。

全名飛利浦・佛赫・布哈克（Philippe Faure-Brac），這張自信而具魅力的臉大概上遍了全世界知名的葡萄酒雜誌，略對葡萄酒熟悉的人，沒有不對這張臉、這個名字覺得熟悉的。他是 1992 年「世界最佳侍酒師」（Meilleur Sommelier du Monde）頭銜得主（注）。

傳統中國餐廳裡沒有的侍酒師一職在歐美餐飲界裡可以算是價值指標之一，即使是在法國這樣好餐廳密集度極高的美食國度裡，也只有高級餐廳才有侍酒師這樣的專業人才。對餐廳客人來說，如果廚

1992 年「世界最佳侍酒師」頭銜得主：飛利浦．佛赫．布哈克。

師是創造味道的人，侍酒師就是以酒的語言和食物的味道深層對話編織想像與對話的人；對一家餐廳來說，侍酒師則是掌管儲酒寶藏的人，而這個寶藏的價值只有他最了解。因此，在歐美國家，侍酒師的水準往往是餐飲品質榮萎高下的象徵；餐廳侍酒師的多寡，也標誌著該社會對精緻料理的品味。

其實，中古世紀時期並沒有侍酒師這樣一個專職的工作，最早稱為 Bête de somme，意指負責的人，主要是伺候王侯領主。但是他們不只是提供盛酒的服務，他們的工作更接近管家，很多事情都要管，酒只是其中一項。Bête de somme 基本上是個端東西的職業，要端很多東西，可能是菜，是餐具，當然也有酒。但他也做試吃的工作。如古代的中國一樣，那個時代的王侯領主都有可能被毒殺，所以有試吃者（goûteur）冒著生命危險專門替主人嚐食物，這也在 Bête de somme 的工作範圍之內。這一行在歷史上有不少都是在試吃的時候被毒死的。後來負責管理酒的一切事宜，逐漸變得專業而獨立出來，有了 Echanson 這樣更趨專責管酒的職司。到了二十世紀的時候，分工更為精細，侍酒師才逐漸轉成以侍酒為專業的工作，終而有了 sommelier 的名稱。二十世紀初的美麗年代就有不少的侍酒師，大戰時一度中斷。侍酒師這個工作逐漸被肯定為一項專職是在二次大戰之後。

然而，將 sommelier 譯為「侍酒師」可能不是一個很精確的譯法，因為今日侍酒師有著比過去更多元的角色和責任。不是只有餐廳需要侍酒師，其工作也不只是在建議酒如何和菜搭配，「他應該對酒窖管理、儲酒條件有所認識，了解與判斷酒的價值和特性，酒單（對應於菜單）的構成、買酒、儲酒、對客人提供建議……如果是超市的 sommelier，那可能更要認識消費結構、消費族群的需要，他們的工作更接近採購建議，而不是在餐廳裡個人式、單道菜式的建議，他們是整體的商業酒商品顧問。然而，不論是哪一種，侍酒師都是酒專業知識的化身，他要掌握社會的消費習性、品酒口味、美食文化、味覺趨勢……」這是飛利浦對現代侍酒師的重新定義。今日，侍酒師在歐美餐廳裡是個相當高尚且受社會尊重的職業。

最常見的酒與菜的搭配是用酒入菜，調理醬汁，再用該款酒來佐配享用這道料理，這種搭配最不易出錯。例如法國菜的經典葡萄酒燴雞（Coque au vin），這道菜在布根地區常見以 Givry-Chambertin 區的紅酒來調理，葡萄品種是以果香酸味優雅細緻見長的黑皮諾；但是亞爾薩斯區有以白酒來做這道傳統佳餚的，品種是麗絲玲，蜜桃、杏桃等白果的味道使這道菜呈現完全不同的風味。尋找搭配享用這道美味時候，只要知道是用哪種酒來料理就可以了。然而，這只是一般對酒菜搭配的常識。

更高層次的酒菜搭配原則是什麼呢？味道的類似？互補？還是平衡？「不是單一因素在決定菜和酒之間的組合，而是整體的、多面向的。」飛利浦說：「有時，是就香氣尋找對話。比如酒裡的紫羅蘭花香對燒烤的焦香就是一種有趣的對比。有時，是就口感來考慮，口感較豐厚的菜可能找口感豐滿的酒；果香較多的找香菇氣味的；有時，過於厚重油膩的菜，我們就希望帶來一點清爽感覺的酒；或是偏甜的菜，搭配一款爽口而帶酸味的酒。有時，一款酒可以搭配兩種完全不一樣的菜，甚至是乳酪，這時候我們可以感受到酒在我們的味蕾感官上做出完全不同的呈現和風味，非常有意思。」

這時候侍酒師的工作像是在玩積木遊戲，味道是一個個顏色不同的方塊，如何將它們組合出一個有形有狀有風格有特色的機體正是侍酒師的功力。

飛利浦舉了幾個有趣的例子。隆河地區 St-Joseph 產區 St-Pierre 酒莊以 Marssaine-Roussaine-Viognier 三種白葡萄品種混合釀製，充滿堅硬礦石味和清爽白花香氣，搭配摻有蒜味和番茄醬汁的乳酪餃竟然出奇的順口輕盈。Viognier 迷人而細緻的茉莉、百香果等氣息在酒杯盛上的時候便滿室生香，微酸的口感和醬汁裡的番茄相互唱合，爽口而令人傾倒；餃子濃郁的乳香、淡淡的蒜味和羅勒草香，讓酒齡已兩年而變得有點圓潤礦石味的酒口感濃淡有致，豐富而立體。

2010 年覆盆子、櫻桃等果香和酸味都仍非常明顯的布根地紅酒（Bourgogne 2010 Pinot Fin, Geautet-Pensiot）來搭配煎鱈魚排佐香料醬汁和馬鈴薯泥，彰顯醬汁裡輕微的肉桂荳蔻香料，水果的清爽和香料的甜熟正像一支酒從年輕到成熟的歲月演練，前後聯繫，絲絲入扣，打破一般人認為魚肉該用白酒搭配的迷思，清淡的紅酒和味重的魚肉在醬汁的襯托下反而更耐人尋味，後韻無窮。

還有，烤鵪鶉胸肉。肉味濃厚以微甜的焦糖手法做的烤鵪鶉胸肉則用 syrah 品種釀製的摩洛哥玫瑰紅酒來襯托。這款以薄荷、胡椒味等香料為主的玫瑰紅，雖然色澤是玫瑰，卻是以泡皮「出血」方法釀製的，口感更接近白酒，也使得這道野味兼收粗獷與優雅。醬汁

今日，侍酒師在歐美餐廳裡是個相當高尚且受社會尊重的職業。

中摻有北非特有的 paprika 香料，神祕嫵媚，和酒裡蘊含的大漠風情同出一系，一起品嚐，如遇知音，美妙非常。

魚肉對紅酒、紅肉卻配白酒的不按牌理出牌，顛覆一般酒菜搭配的原則，卻又佐配得教人心服口服，脾胃舒暢，酒更甘醇，菜更美味，不必是高貴的名牌酒莊，卻將酒的本質與菜的潛力提升到更高的層次。

接下來是帶有輕微的鹹味和阿莫尼亞氣味的 St-Nectaire 乳酪、無花果麵包佐黑櫻桃果醬，搭配的竟是 2000 年波爾多產地的 Côtes de Bourg。黑櫻桃果醬和麵包裡的無花果使得原本微鹹而具榛果味的 St-Nectaire 乳酪有了一種新的平衡口感，鹹甜互現中夾帶熟成的乳香，還不時散發少許細緻的榛果胡桃等乾果味道，變化無端。一款近四年酒齡的紅酒帶有明顯的煤炭味，和黑櫻桃的甜熟與果酸形成奇特的對比，宛若一對同父異母的姊妹，同中有異，異中見同，卻是同樣的迷人。

一般人很容易把侍酒師的角色簡化成「 懂酒的服務生」，這是把侍酒師給看扁了。侍酒師的工作其實更像是電影的音樂配樂，可以讓一個溫馨的畫面變得很緊張，一個刺激的動作加倍驚險，或是預告一個感性溫柔的結局。有時酒菜的結合在於點出酒或菜裡某種隱而未現的特色，像一個傑出的音樂指揮家，在一首酣暢的交響樂裡畫龍點睛般地點出某個樂器的音質。

飛利浦認為，侍酒師最重要的是要做到 juste（剛好）。「這是最難的。一瓶 Pétrus 當然好，但不是每個人都負擔得起，也不是每道菜都適合搭配，更不是每個客人都要這樣的酒才能滿足。侍酒師要懂得如何做到 juste，如何在各種條件下找到最適當的搭配，這才是一個好的稱職的侍酒師。不讓客人覺得不自在， 更不對客人有偏見是我們的工作前提。讓客人享用一頓愉快滿足的餐膳是餐廳的目的，我們只是想做得比更味覺的滿足更多一些。」

或是，將口腹之欲提升到心靈的滿足——這可能是飛利浦想說而沒說出的話。

注：世界最佳侍酒師競賽每三年舉辦一次（為配合千禧年，最近三屆則為 1998、2000 和 2004），由國際葡萄酒認定的國家選拔推派代表參加，經過種種專業且高難度的考驗才能摘下這頂桂冠，相當於酒界的奧運金牌或諾貝爾獎。比賽者對酒的知識除了要有非常深度而完整的了解之外，還要能融會貫通，充分地運用在和食物的搭配上，並且有相當好的口才和語言功力，競賽過程中以描述和想像的能力將酒的特色和菜的搭配演繹絲毫不差地解說出來，在葡萄酒界是一項極高的榮耀。

臺灣從 2010 年申請入國際世界侍酒協會 I.S.A.（International Sommelier Association）觀察會員國後，由臺灣侍酒師協會 T.S.A.（Taiwan Sommelier Association）開始舉辦侍酒比賽。2010 年第一屆冠軍是臺中樂沐餐廳侍酒師曾孟翊（Xavier），2011 年何信緯（Thomas）也是來自樂沐餐廳，2012 年是國賓 A Cut 餐廳的葉昌勳（Sean）。

這支酒壞了

2004 年世界侍酒師冠軍賽發生了一則小插曲，後來差不多成為一則傳奇。

世界侍酒師冠軍賽每三年舉辦一次，2004 年在希臘雅典舉行，話說當年參賽者中實力最強的是義籍的 Enrico Bernardo 和法籍的 Franck Thomas，前者有歐洲最佳侍酒師頭銜，後者是頂著法國最佳侍酒師冠桂出賽的。比賽過程中，兩人的分數始終非常接近，可是到最後，一個難題卻將兩人分出高下。

該道題目是：主辦單位提供一支酒給參賽者，請他盲品後，說出該酒的產地葡萄品種和年份，並建議可以搭配何種料理，理由為何。年僅二十七歲的 Enrico Bernardo 開瓶品嚐後，覺得這支酒有問題，好像是壞了，然而像這樣嚴謹的比賽似乎不該出現壞掉的酒，他有

些狐疑。於是給自己又倒了一點，再次品嚐後，他大膽決定這支酒應該是壞了，於是向評審說，他無法辨識這支酒，因為它壞了。

他這個決定其實非常冒險，因為全世界的酒款何止千萬，誰敢認為自己對全世界的酒都瞭若指掌？這個決定是將全部賭注押在對自己的信心上。

在場的評審沒有任何表示，Enrico Bernardo 抱著一顆忐忑不安的心下場，不知自己是否犯了致命的錯誤。

接著上場的是法籍的 Franck Thomas，同樣的，他也覺得這支酒有問題，但是兩度品嚐後，他認為這麼重要的比賽不該會有壞掉的酒出現才對，何況過去比賽不曾出現過這種陷阱題目，於是他根據自己的判斷，做了對這支酒的詮釋和解說。

後來證明，這支酒確實壞了，是一道考驗實力和信心的陷阱題，他因此失去了夢寐以求的世界最佳侍酒師頭銜，拱手讓給 Enrico Bernardo，而後者則成為史上最年輕的世界侍酒師冠軍。

其實酒變質的比例還滿高的，一般約占百分之五～十，換句話說，你買一箱十二支酒裡就可能有一支壞了。而且酒的年紀愈大，瓶塞壞的機率也愈高，酒變質的可能性也愈大。很多知名酒莊的酒每隔數十年就要來個換（瓶）塞大典，以昭告天下：本酒莊極為重視酒的品質，換新瓶塞了，讓其保存得更久遠。波爾多名莊 Château Palmer 就曾為號稱世紀年份的 1961 舉行換塞大典，在澳門舉行，搞得轟傳一時，也順便替這支百年佳釀的名酒再做一次廣告。

2004 年「世界最佳侍酒師」頭銜得主：Enrico Bernado

MOILLARD

不只昂貴的酒會換塞，有時負責任的酒莊也會這麼做。我前一陣子開了一支 1959 年的亞爾薩斯麗絲玲白酒，很驚訝地發現瓶塞竟然相當完整簇新，一度懷疑是假酒。不過喝起來的老練深沉教人不疑有他，瓶塞假得來，酒質本身假不來。我略略一想也就懂了：莊主應該是換過瓶塞了。這至少是好現象，表示這酒的壽命高過瓶塞。那天我開了兩支老酒，反倒是另一支 1981 年的 Chambolle-Musigny 瓶塞已經幾乎乾硬老朽了，所幸，酒也還沒壞。

所謂的壞酒，到底是什麼味道？有人說像溼紙板，有說像腐敗的軟木塞或是霉味，其實都對，依壞的程度而輕重有別罷了。這古怪味不見得是直接來自瓶塞壞了酒質氧化所致，有時是儲存在木桶時，木桶發酵造成的。

它的物理原理是酒中的氯分子和氣味非常重且活潑的酚類物質結合產生的。酚是一種活動力很強並帶有很重氣味的分子，即使是含量很低很低，都會散發出很強烈的氣味，通常藏在單寧、威士忌、菸草、阿斯匹靈或是火藥裡。它可能帶來令人愉悅的香氣，也可能出現教人不快的怪味。它同時也是很多水果切開後，因氧化變成褐色的主要原因。

儘管如此，酒變壞最常見的原因還是瓶塞壞了。可是，麻煩的是，至今我們仍無法預測酒是否壞了，開瓶試飲是唯一的方法。

因此瓶塞品質的好壞決定酒儲存時間的長短。波爾多著名酒莊伊庚堡的瓶塞據說是萬中挑一，五萬個成品中僅有四、五個有資格拿來做它的瓶塞。不僅挑選軟木質地最堅實緊密的部位來製作，其長度也比其他酒莊的瓶塞來得長，成本也是一般軟木塞的數十倍。

可是如果你知道為何一瓶伊庚堡可以儲存達上百年而不壞，除了酒質本身優越超卓以外，瓶塞的長命百歲，功不可沒。

既然酒質變壞最常見的因素是軟木瓶塞，改成像可樂汽水那樣的金屬旋轉蓋不就沒問題了？確實這也是近幾年逐漸常用的方法，新世界的葡萄酒很多都採用這個方式，降低成本，但是金屬旋轉瓶塞無法像軟木塞那樣讓酒呼吸，繼續熟成陳化。而且，形象過於廉價。

軟木的價格逐年攀升，真正用得起整塊軟木製作的瓶塞的酒莊已經不多了，多半是木塞屑壓縮而成的。然而歐洲的葡萄酒仍不願捨棄軟木瓶塞，尤其像法國這樣的國家，喝酒是一個整體的情緒與精神儀式，用手慢慢地將開瓶器旋轉入瓶塞內，然後再漸漸地拉拔出瓶塞直到無可避免的輕柔的「啵」一聲，喝酒的情緒才算到位。

下次你碰上一支壞酒時，或許會釋懷些：這本就是葡萄酒無可預知的命運之一，跟人生際遇一樣。

Part 04

配酒與買酒

酒該
怎麼喝？

一個氣候炎熱的晚上，跟朋友上餐廳，我們點了一支便宜清淡的 St-Nicolas de Bourgeuil。服務生拿酒來，我試喝了一口，覺得溫度太高，請服務生將酒冰鎮一下。

「你瘋啦？紅酒哪有喝冰的！」這位法國朋友覺得我的提議是徹底的大外行。我沒說要喝「冰鎮」的紅酒，我回他：「不過是讓溫度降低點，別緊張。」降溫後，朋友一喝也覺得後來的酒清爽甜美多了。

多數時候一般人都認為白酒才需要冰過，紅酒是不需要的。這自然又是品嚐葡萄酒的諸多通則之一，但是仔細考究細節，往往例外比常規多，而且多很多。事實上冰鎮紅酒也不是沒有，薄酒萊新酒我就認為冰著喝好。

但是怎樣才是每一種酒適當的溫度呢？倒入杯裡之前怎樣的動作和處理可以讓酒表現得最完美？

喝葡萄酒是件簡單又麻煩的事，但是其中的諸多樂趣也在這些煩人龜毛的枝枝節節裡。我的意思是，你可以酒拿來，開了，倒了，乾了，一如梁山好漢。但如果真講究一切細節，完美的飲酒準備幾乎是一件吹毛求疵的任務。

首先什麼場合什麼人喝什麼酒。人多嘴雜的場合，慶生婚宴，品酒絕不是重點，弄一支需要花時間並搖頭晃腦細斟細酌的頂級好酒，那是糟蹋，也是可惜，遠不如一款簡單豐富均衡的酒，可以豪飲，可以品酩。如果幾個愛酒的好友聚一起，喝酒聊酒是人生一大樂事，這時候就不妨找出一兩支珍藏的。人生難得，不是？

確定什麼酒後，要讓酒瓶靜置一段時間，千萬不要將剛晃動過旅行過的酒立即開瓶。一來是讓酒渣沉澱至瓶底；再者，剛搖晃過的酒會因為分子狀態不穩定，香氣往往出不來，喝起來也很沉悶不展。再好的佳釀就像經過旅途疲累、風塵僕僕的美女，一臉倦容疲態，怎樣都無法打起精神、神采奕奕的。

接著，開瓶要開得乾淨，不能有瓶塞的屑渣掉入。有時瓶塞已經腐朽，但這未必表示酒的保存有問題。避免酒渣掉入瓶內，還要小心擦拭掉瓶口可能有的發霉髒物，如果可以，有一種鋁紙製的軟性圓片，捲起來當瓶口的導口，鋁紙薄片可以避免瓶口的霉物和酒接觸，也可以在倒完酒後防止滴漏。

巴黎以酒藏豐富著名的銀塔餐廳（La Tour d'Argent）

OMMARD RUGIEN

還有，很多人有開瓶後嗅聞瓶塞的習慣，以了解酒是否壞了或是有瓶塞味。這個動作其實沒有必要，因為酒如果真有問題，直接品嚐立即分曉，瓶塞上的味道不能顯示酒的狀態和氣味。

氣泡酒（包括香檳）的開瓶和其他葡萄酒是不一樣的。靜置，取下鐵絲，一手抓住瓶塞，一手抓住瓶身，慢慢旋轉瓶身（而不是旋轉瓶塞），你可以感受到瓶中的氣壓緩緩地將瓶塞推出。要將香檳開得無聲無息是一門功夫，許多專業侍酒師都未必有這個功力。當然，如果是為了 F1 賽車得勝，就不必考慮這些了，你要的是讓開瓶響聲愈大愈好，瓶塞衝飛得愈遠愈好，酒噴得愈高愈好。但，那是另外一回事，無關喝酒。

再來是開瓶器的選擇。開瓶器有很多種，標準開瓶器叫 limonadier（長六公分，有五個旋轉）。先割開封住瓶口的錫箔紙，然後將螺旋中心旋進瓶塞，然後以槓桿原理將瓶塞緩緩抽出。同樣原理的開瓶器還有以兩邊各有一把起手同時將瓶塞拔出的，另一種是以無盡的旋轉原理，以手把不斷旋轉讓中心螺旋鑽入瓶塞再將其拔出。

另有一種刀片開瓶器 tire-bouchon à lames，這是專為瓶塞已經腐朽變質可能在拔出之際碎掉的老酒而設計的，這種開瓶器形成兀字型，兩側各有長短不一的扁尖刺，薄如刀片，以左右搖擺的方式緩緩將尖片插入瓶塞和瓶間縫隙，兩條尖片夾緊瓶塞，然後以旋轉的方式慢慢地將瓶塞夾出。這種開瓶器讓人又愛又氣，因為老酒瓶塞經常出現腐化現象，一般開瓶器只會將瓶塞弄碎，或是反將瓶塞推入瓶內，汙染到酒，尖片開瓶器幾乎是唯一的選擇。但是依我個人

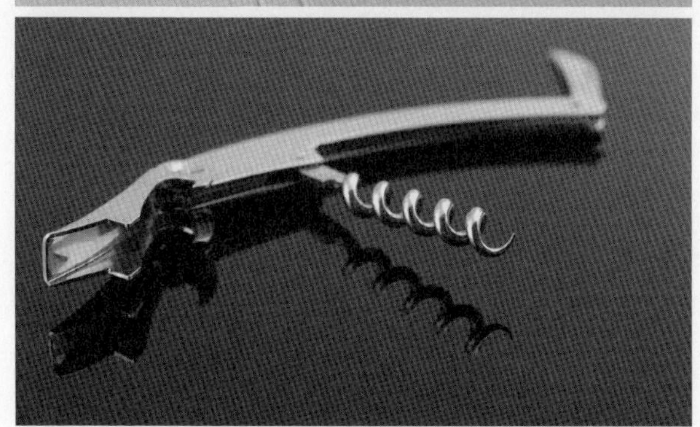

上圖是刀片開瓶器，專為瓶塞已經腐朽變質可能在拔出之際碎掉的老酒而設計的。下圖是標準開瓶器。

經驗，這種開瓶器的技巧難度都極高，要有很多失敗的經驗和拿捏技巧，不然失敗的比例還是很高。

還有氣壓開瓶，這是將一根細針插入瓶內，讓瓶塞和酒之間灌入氣體產生壓力，用氣壓將瓶塞推出。短時間要開很多瓶酒的餐廳或是酒吧很常見。

再來就是醒酒，這也是一項考驗。醒酒重點在如何讓一支酒在開瓶後呈現最佳狀態。香味濃郁的白酒、新年份的紅白酒（薄酒萊，剛釀好的新酒）、玫瑰紅等，一般說來是不需醒酒的。甜白酒可以在飲用前先開瓶約一小時，但是不必用醒酒瓶。一般紅酒約半小時至一小時前開瓶。

老酒視狀況，也要看葡萄品種。白酒中的白詩楠（chenin blanc，或譯白梢楠）是非常堅硬的品種，往往要好幾個鐘頭，甚至一整天。我曾和朋友開過一支法國羅亞爾河 1971 年的白詩楠，剛開瓶時根本不能喝，不但沒有香氣，口感堅硬如石，喝起來像在啃牆壁，我和朋友嘆息了一整晚，每隔段時間就探候一下，它始終不動如山。可是第二天這支「石頭」竟然柔媚如春花，若芍藥，香味洋溢奔放，和前一晚判若兩「瓶」。

以波爾多的兩個主流紅酒品種來說，卡本內—蘇維濃也比梅洛不易馴服，所以左岸的酒比右岸更有陳年儲存的潛力（不過，不要忘記，剛剛才說過的，例外很多）。話又說回來，品種不是唯一標準，同樣是布根地的黑皮諾，特級，一級酒莊和村莊級就有差異。這時候土質往往是關鍵，老藤和新樹對陳年的能耐也有影響。這些種種條件都影響酒的陳年，當然也決定醒酒的時間長短。

然後是酒溫。適當的溫度才能展現酒的最佳品嚐狀態，偏偏我們吃飯的地方溫度對酒來說往往太高（約二十五度，除非冷氣超強）。根據法國某品酒專家列出的各種酒的適當溫度如下：成熟的高級波爾多紅酒十六～十七度，成熟的高級布根地紅酒十五～十六度，年輕果香為重的如薄酒萊十二～十四度，和好的干白酒一樣。清爽的白酒溫度要更低，十～十二度；玫瑰紅和新酒約八～十度，香檳也差不多。甜酒最低，八～九度，這也是一般氣泡酒的是適飲溫度。當然這也不是絕對的，例外情形屢見不鮮。

但是誰沒事身上一根溫度計量酒溫呢？關於酒溫也有工具，朋友有種專門測酒溫的溫度計，約拇指大小，貼著酒瓶就可以顯示酒溫。我玩過幾回，還是覺得自己的經驗最可靠。

最後是選一支適當的杯子。杯子的恰當與否對這支酒的感受往往有關鍵性的影響。所有葡萄酒杯專業品牌都有各種不同形狀功能的酒杯，這些杯子在研發之際都是侍酒師們精心推敲設計的。不信的話，你下次可以和幾個朋友玩玩看，同樣的酒，不同的杯子聞起來喝起來有多大的差異。

最後是和對的人，花時間細細品酌。而在我們這個匆忙慌亂的時代，這比上述條件都難得多了。

開胃又開心

你一定聽過吃飯喝酒對法國人來說有多重要。

像一切重要的事情一樣，總要有排場有序曲有儀式，草草上場就不夠隆重。法國人赴晚餐之約有晚到十五分鐘的不成文社會規矩，有個名字叫「 禮貌間距」，意思是你不是那麼猴急地想去叨擾人家一頓——當然，這一點不在餐廳預約中，你晚到十五分鐘後，餐廳馬上就把你幾星期前辛苦訂到的位子讓給兩個臨時起義的幸運觀光客。

既然聚餐吃飯不會同時到場，不論是在餐廳用餐還是朋友宴客，優雅的法國人絕對不是一屁股坐下來就據案大嚼，吃得津津有味，齒頰生香起來。急躁，在法國餐桌藝術禮節中是絕對要不得的，對法國人來說，那些急著把食物塞進嘴裡的只是五味不辨、品味低下的野蠻人。等候的時間就是法國人鋪排展現其文化精緻優雅，主人（或餐廳）賣弄品味巧思的時機。

吃飯享受，要訣在一個心情，而心情，則需要時間來培養，用嘴巴開胃。不論你今天赴宴之前是被上司刮了一頓，和孩子嘔了氣，車子半途拋錨，老婆聒噪，股票跌停還是情書被退回，立刻上桌吃飯拿食物出氣是最不可取的幼稚行為。這時候你肚子的空城計唱得震天價響，都該記得：你的身體和心情都沒準備就緒，現在委實是最不適宜享受美食的，愈是美食愈是糟蹋。來杯小酒緩衝平性最是得宜，類似我們中國人宴會前等菜嗑瓜子，或是江浙餐廳常有的涼盤小菜的意思。

於是法國人弄出一個開胃時間，專為舒緩情緒，安撫脾胃，讓你的感官狀況慢慢調整入一種最佳的精神狀態——像一朵等待春天全心待開的花——而設立的。

這種獨特的開胃文化，聽說是從路易十四那個吃飯、打仗、養情婦都一樣厲害的太陽王從凡爾賽宮的宴會廳裡風行起來的。但這也確實是一個社會進入生活精緻化的階段才會有的需求，也絕對是悠閒富足的社會階級才會有的作態。雖說開胃文化在歐美各國的餐飲習慣中幾乎普遍存在了，但還是法國人玩得最精巧細膩，繽紛多變，也最讓他人望塵莫及。

廣義來說，什麼吃食都可以拿來開胃。窮學生開胃大概就是薯片、花生和乾果一類的便宜零嘴。一般人家請客，少不了橄欖、胡桃、櫻桃番茄，或是切成小塊、味道較淡的乳酪。豪華版的開胃典禮最常見的是藝廊開幕雞尾酒會，這時候主人的手筆氣勢品味水準都不可隨便，因為來客都在此時做下對晚宴的第一個評價：各式小點是否製作精美（手工要精細，顏色要美麗）、新鮮可口（絕不可久放變得乾硬，最好是現做）、款式多變（最好讓人換著吃，一小時之內不嫌單調煩膩），而且味道食材絕對不能和待會正餐中的佳餚重複，以免壞了正餐上桌時的興致與驚喜。

餐廳更是當然不能免去這道法國餐飲藝術中雖微不足道卻至關重大的心靈儀式：一進餐廳，剛落座，領班一定要請問你是否來杯開胃酒（apéritif，又名餐前酒，法國人簡稱為 apéro）。講究細節的餐廳多半等客人入座才上開胃小點，以確保新鮮；馬虎一點的餐廳，可能早就擺在桌上靜候大駕，因而可能變得乾硬，除非領班算準了你的訂位時間，而你又準時赴約的話。在餐廳裡，這段開胃時間是絕對必要的，它讓你在詳閱冗長的菜單酒單和腸胃商量菜色的同時，有點美味的小東西安撫嘴巴的焦躁與情緒的不安。

開胃小點以味輕、質薄、適口、量小為佳。重點是，一定要讓客人享受得恰到好處：吃得興起、喝得起勁之際，謹守「開胃」的角色，千萬不能踰矩越位，配角變主角。開胃小點和開胃酒的變化，就很考驗主人和餐廳的配菜功力了。

比如，薄薄的一片烤麵包上一層薄薄的鵝肝，鵝肝上一小塊無花果醬（試著來一杯貴腐索甸甜酒或是亞爾薩斯的遲摘甜酒）；切小方塊的香瓜上裹上一層薄薄的生火腿（考慮來杯果香馥郁的蜜思嘉或是 Rasteau 甜酒）；番茄冷湯幕斯加烤火腿脆片小杯（啊，來杯冰

涼的粉紅香檳好了）；核桃杏仁花生（簡單清爽的白酒就好了）。如果沒把握又沒存糧應付，那就開一支香檳吧，就算沒有任何開胃小點心，也絕對沒人敢說你的晚宴寒酸，宴客怠慢。

不過香檳到底算是高級開胃，一般餐廳裡，最常見的是Kir——用最普通沒個性的白酒添加覆盆子、藍莓、水蜜桃等口味的水果濃汁——喝起來酸甜爽口，很難拒絕。如果你是把妹擺闊，就點進級版的Kir royal，這時候調的基酒就不是白酒而是香檳了，因為加了水果濃汁的關係，色澤柔美雅致，如果再點上蠟燭，氣氛再添三分浪漫，簡直滋陰贊陽，比任何甜言蜜語都更勝一籌。

當然，法國各地也有屬於自己地方特色的開胃酒。諾曼第人喜愛蘋果做的西打（Cidre）、蘋果甜酒（Pommeau）和卡爾瓦多思（Calvados，蘋果烈酒）；馬賽人非茴香酒（Pastis）不喝；奧萬尼人鍾愛他們自己的藥草酒（Suze）；科西嘉人嗜飲家鄉的橘子酒（Vin d'orange）；大西洋岸的居民非常擁護Pinot des Charentes甜酒；布根地和亞爾薩斯人有氣泡酒（Crémant）；香檳人，就是香檳酒從開胃直喝到甜點。至於自命國際都會大城的巴黎人想表現自己國際化的，會點非法國產品的Campari、西班牙Fino雪莉酒或是葡萄牙的波特甜酒（Porto），可是到底比不上自家的香檳來得有面子。

從真正能開胃的角度看，酸度高的飲料才能達到打開胃口的功效，太過甜膩的酒反而對味蕾造成負擔，阻斷胃口。像索甸、夏布利這樣的白酒最能喚醒感官，舒爽脾胃，而高酸又帶點氣泡的香檳或是crémant更多點唾液和胃液的刺激，開胃效率更高。

開胃其實是個藉口，法國人心裡很清楚，胃口一開，心門也跟著打開，精神脾氣也就振作來勁了，沒什麼不好談，沒什麼不能談：生意、婚姻、愛情、政治、人生的困境、哲學的玄思到世界的戰爭苦難、歷史宗教到荒謬輪迴……開胃酒不但開胃也開心，還可以讓每個人都變成生命的哲學家！

但是，無論如何，開胃是胃口的準備時段，要有節制分寸。通常就是一杯，倒第兩杯算是為了盡興，灌足三杯的是酒鬼，是來買醉不是吃飯的。還有，開胃酒一定要喝完才會開始上前菜。許多不了解法國這個文化的人，開胃酒沒喝完擺桌上，痴痴地等著始終不來的前菜……

法國人的餐桌美學有一套繁瑣堅持的規矩，經常讓外人覺得厭煩。我未必都贊成，但是最好的滋味就是開胃這個哲學，我是虔誠的信徒。

配酒是門藝術

法國人吃東西愛配酒，並且樂此不疲，大概是全世界最愛配酒的民族。歐美國家跟著這個美食大國起舞，吃飯如何配酒，地窖藏酒是否豐盛，侍酒師的功力高低，都成為餐廳高級與否的重要指標。

法國人什麼都可以拿來配，什麼都要考慮怎麼配：海鮮配白酒，肉類配紅酒，鴨肝配甜酒，雪茄配甘邑，如果一桌幾個人，有魚有肉擺不平的時候，請出玫瑰紅多半不會錯。以上算是法式配酒法則裡的基本公式。萬一是法國四百多種乳酪呢？那就幾乎沒有規則可循，閣下的舌頭味蕾是唯一的檢驗標準。

有規矩當然就有例外，在法國，例外還特別多。著名產酒區波爾多有道地方菜叫紅酒燉七鰓鰻（Lamproie à la bordelaise），河裡捕起來的七鰓鰻切成塊油煎，再用波爾多紅酒、月桂葉、洋蔥、紅蘿蔔

浸泡醃漬，再與大蒜小洋蔥等蔬菜燴燉。醬汁用魚的血和酒濃縮調製，一鍋的酒香濃郁豐厚的燉鰻魚非夠有力的紅酒不可，通常是用當地波爾多的酒，用什麼酒燉，就用什麼酒搭配，再適合不過了。

法國阿爾卑斯山一帶的名菜雞肉白醬汁羊肚菇，用的是當地的麥桿白酒（Vin de Paille），或是帶點氧化氣息如紹興的黃酒（Vin Jaune）和鮮奶油雞肉一起燉煮，牛肚菇有人蔘的幽暗細雅的香氣，口感最佳的搭配還是酒體豐滿肥潤、已經入在鍋裡的白酒黃酒遠勝紅酒。

於是，海鮮白酒、肉類紅酒的法則裡補增一條但書：如果用酒調製，以調製酒為主。這條但書大致不會出錯，卻有死穴罩門：難道上餐館點菜還得細問廚師這道菜用的是哪地區哪年份的酒嗎？問到了，這酒不見得在酒單上。那點同一區的好了，可是波爾多左岸右岸用的葡萄品種和比例是不大一樣的呢。加上如果酒莊儲存橡木桶的時間長短，新桶舊桶也都不一致，同一產地的邏輯難保失之毫里差之千里。這時候，還是請侍酒師來指點一下迷津算了。

也有人改成：肉魚不分，白（魚）肉配白酒，紅（魚）肉配紅酒。但是，這難保還是鐵板一塊。法德邊界亞爾薩斯省的地方名菜酸菜醃肉（choucroute），一大盆酸菜上鋪滿香腸豬蹄膀醃肉，白酒煮過、滋味酸爽的刨絲包心菜佐各種香腸醃肉，極微清淡的紅酒或許還可以，但總不如當地的亞爾薩斯白酒來得登對。布根地的黑皮諾紅酒遇上秋冬野味裡的野兔野鴨像是被搶婚的新娘，原本優雅飄逸的黑皮諾肯定成為一襲被踩在地上踐踏的新嫁衣。

於是又多了一條酒菜搭配的鐵律：當地菜配當地酒。那閣下得熟知各地方菜餚，否則一旦落難在巴黎這種不產酒的大城，選酒又變成一個沒有規則依循的考驗。這還是以主材料為考量，如果一道菜裡有兩種天南地北的食材，那就更好玩了。我碰過一道水煮鱈魚配西班牙 chorizo 辣味香腸，味淡的鱈魚和鹹辣的臘味香腸味道兩極，卻有一種峰迴路轉的平衡，紅白酒都不對，到今天，每想到搭配這道菜的酒我都還滿腦子疑惑。

著名的美食指南米其林裡闢專章給人參考如何選酒，從年份好壞到法國各產酒區，從蝦蟹海鮮到乳酪甜點，條列分明。然而，也只是個參考，懂得愈多陷阱愈多。但是，其中的樂趣也倍增。

所以有時酒菜搭配在法國人的餐桌上，不小心，還會成為一場品味的角力。

一次和朋友一共四人上餐廳，前菜裡有鴨肝佐無花果，有黑橄欖鮪魚尼斯沙拉，有淡菜番紅花冷湯，有黑松露餃。像這種差異過大的時候，除非各選各的單杯，否則一定變成各方面顧慮的妥協，像政治遊戲。點鴨肝的朋友簡直沒有發言權，傳統上甜酒配鴨肝絕好，但是甜酒跟其他的菜都過不去。點尼斯沙拉的主張普羅旺斯的玫瑰紅，這確實是最有妥協性的選擇，除了鴨肝其他都過得去，但是點松露餃的朋友有點意見，認為玫瑰紅有點委屈了他的松露香氣，不如來支好香檳。

四方往來交鋒對決的結果還是玫瑰紅，玫瑰紅香檳。然後，主菜搭配又是一場你來我往的品味對決戰。對，這是法國人在餐桌上最熱

NOILLY PRAT
NOILLY PRAT & Cie
1813
VERMOUTH
ORIGINAL DRY
NOILLY PRAT
NOILLY PRAT & Cie
1813
VERMOUTH
ORIGINAL NOILLY ROUGE
NOILLY
AMBRE
APERITIF A BASE DE VIN
Maison fondée en
1813

Vieux
des Charentes
PINEAU DES CHARENTES CONTROLEE
BARON & FILS
Logis de Brissac
CHERVES - RICHEMONT
PRODUIT DE FRANCE
17,5% vol

愛的話題之一，僅次於政治和性愛，但是法國人在這裡面享受到的樂子絕不輸後兩者，選酒鬥嘴是心理前戲，舉杯暢飲才是真正欲死欲仙的生理高潮。

這幾年在法國，亞洲料理和香料大行其道，在口欲情調中尋找異國聯婚的各種可能，烤鴨春捲怎麼配，壽司生魚怎麼配，冬蔭功湯又該怎麼配？我經常被法國友人拿這類問題刁難。

前兩天一個熱愛中國文化的法國朋友打電話來說，有人送了一盒月餅，他打算中秋那天拿出來跟法國朋友一起看月亮，可是不知該拿什麼酒來配。我說，唸來聽聽有哪些口味？雙黃蓮蓉、豆沙棗泥、松子鳳梨、伍仁火腿，聽起來是廣式月餅。我只好說幾支出來賣弄：貴腐甜酒索甸經常有糖漬水果乾的風味，鳳梨松子最適宜；酸度極高的亞爾薩斯麗絲玲品種釀的遲摘甜酒很能平衡蓮蓉這樣重膩的口味；豆沙棗泥有煙燻味或許考慮法國南部的 Rasteau 天然甜酒，兩者都有清淡的可可葡萄乾和燻烤香；至於鹹甜兼有的伍仁火腿，我推薦了一款少為人知的玫瑰氣泡半甜酒 Cerdon，因為這款平易近人又有氣泡爽口，鹹甜都照應得過來。

朋友聽完，嘆氣道：「難不成為了四個月餅我一晚要開四支酒？沒有簡單一點的搭配嗎？」我也嘆了口氣：「那就來支甜度略高的香檳吧。」幸好這個港式月餅算是簡單的考題，若是碰上臺灣這幾年各種光怪陸離的月餅（泡菜、人蔘、黃金蝦、海藻、冰淇淋⋯⋯），我大概也要投降了。

最近我遇上某廚師做的一道精采美味的創意菜：生牛肉生黑鮪魚西

紅柿千層。一層生牛肉一層生鮪魚一層西紅柿，層峰跌巒，中間還夾著綠色紫蘇和濃縮的酸甜巴薩米克醋。色彩豔麗，冰涼爽口，味道好極了，可是又是魚又是肉的，難不成又只能找玫瑰紅來「妥協」嗎？

有時不得不讓人嘆息沉思，人生如美食，妥協哲學中也有藝術。

老饕的
選酒忠告

窗外豔陽高照，天空乾淨得令人心平氣爽，十月是南半球的春初，泳池邊的樹開著一朵朵奇特的小黃花，趁著寶藍天空，有種奇異的美。我在智利北部沙漠的旅館泳池旁，邊上網，邊喝 Pisco Sour（智利的國飲，一種混合了蜜思嘉做的葡萄烈酒，和檸檬一起打成的冰涼雞尾酒），心情也跟春天一樣美麗。這是第四天沒有電視沒有手機的日子，可是電子信箱還是得去瞧瞧，難保哪個編輯收不到稿子等著跳樓。

San Pedro de Atacama 是個綠洲小城，人口不到五千，沒有一條柏油路，所有的房屋都由泥磚草桿砌成，到處都是黃沙泥塵，什麼東西都沾上一層土。感謝現代網路奇蹟，遠在天際的朋友們的信件和其他垃圾正成百上千地一封封湧進電腦裡。

編輯朋友的催稿信就先別看，免得壞了春天的心情。一封朋友信件以異常的緊急標籤傳來，我心下一驚，救人如救火，先敲開來看：臺北朋友下週在家請吃飯，不知如何買酒來搭配，要我給意見。我嘆了口氣，心想：這世上沒有比吃飯喝酒更重要的事了嗎？不過我也往好處看：講究品味，吃喝精細的人愈來愈多，當然是社會進步的一個指標。

這種救火任務我不時接到，敢情不少人有這種吃飯喝酒的困擾。習以為常之餘，也就多少有點心得，算不上是專家之論，只能說經驗之談。

許多時候朋友要的是一個很明確的答案：媽媽的拿手獅子頭該用哪個酒莊哪個年份？婆婆那一甕人人稱讚的佛跳牆該紅酒還是白酒？或是，朋友打算帶支阿根廷馬貝克（Malbeck）品種的紅酒來，該端出麻婆豆腐還是胡椒牛排？

老實說，大部分時候，對這些問題我是沒有答案的，只有原則。而且僅供參考，不是鐵律。最重要的是心情，把選酒配菜當作是一種吃喝上帶點意外冒險的生活樂趣，而不是社交人際的關鍵成敗，不過就是一頓飯，再糟也是進閣下的肚子，肥水沒落外人田的。吃喝不比買股票，沒選對，了不起有點掃興，卻絕不是損失吃虧，也不至於有傾家蕩產之虞，是高尚的品味娛樂。

買酒首先別迷信昂貴的，昂貴的酒不一定是佐餐最好的選擇。如果我們相信貴酒多半是「好酒」的話，愈「好」的酒風格愈獨特，其本身的完整性愈高，風格也愈強，外加的東西也就愈難表現其本身的品質，甚至反而破壞了兩者的價值。一如一棟精美的建築，如何安置一個與其融合的景觀設計是就兩者對比佐襯的和諧而定。搭配菜的時候，酒的「好壞」是依其搭配的能力而不是其風格，更不是價格。很多人選昂貴的酒完全是面子問題，不是品味考量，只要價格上萬，一概拍手讚好，其實卻是焚琴煮鶴。

再來是，與其買一千，不如買三百。當你確定會需要紅酒來佐餐又不是很確定哪種酒款時，與其買一支千元的中價酒，不妨試買兩、三支價格較平實的。比如，原本打算一支上等法國波爾多的梅洛—卡本內—蘇維濃，不妨改挑選成一支智利的 Syrah，一支阿根廷的馬貝克，一支西班牙 Tempranillo，可以同時比較不同風味的紅酒搭配出來的效果，同時也增加品嚐經驗。

原則三，除非你很認識該酒款，否則其搭配的效果都是一個未知數。這個未知的空間和神祕性正是選酒的風險和樂趣所在，跟股票一樣，穩賺不賠的漲停預測多半靠不住。同一產區，同一酒莊的不同品種莊園、不同年份所產的酒都可能風格南轅北轍。搭配得起，搭配到何種程度，在沒經過味覺的評斷前，千萬別未審先判。請給搭配的結果保留各種可能的空間。

原則四，別執著老酒。世界上多數的白酒都是一兩年內該喝掉的，也是它們最好喝的時候，紅酒則在三～五年間，有時出廠一兩年即可，釀製年輕時就很可口的更是現在潮流趨勢。白酒年輕時清爽宜人的果香果味很多，過了兩三年就開始走下坡，除非是儲存潛力很強的頂級好酒，否則多放幾年只是白白錯過其最佳的品嚐期。紅酒

CHILCAS
Red One

有單寧，沒有柔化的單寧口感緊澀咬舌，是很多人不愛年輕紅酒的原因。不過以今日的技術和全球暖化帶來葡萄過熟的現象，以前需要靠時間柔化單寧，現在則有各種設備技術，從採收到釀製的過程中，將粗糙單寧淘汰得更徹底，年輕的紅酒有時有更多的清爽果味，或是開瓶半小時就可以感受到酒的變化。

當然，如果你真的很沒耐心，有一種新產品叫「酒之鑰」（La Clef de Vin），利用物理原理，可以將酒瞬間陳化，浸入酒中一秒等同一年的陳化。不過話說回來，這種東西是不會讓爛酒變好酒的，爛酒陳化後只是更爛。萬一買到一支仍然太過緊澀的紅酒，搶救之道是弄出味道濃重如牛排之類的紅肉菜餚，通常可以降服澀酸的口感。

最後一個原則，說起來像廢話，卻是真理：千萬別端出跟菜餚不搭的酒。不搭配的酒是對酒菜兩敗俱傷的愚蠢舉動，既不討好，又壞了辛辛苦苦做的好菜，實在不值。比如，清蒸海鮮就不要搞來一瓶厚重甜熟的波爾多梅洛，一鍋麻辣水煮牛肉也不要擺上一瓶淡雅清細的夏多內白酒。真的臨時找不到適當的葡萄酒佐餐，乾脆以茶代酒，相信會更贏得客人的歡心。

我把這些原則傳去告訴朋友後，得到出乎預期的回應。朋友回信：「你說得有點複雜耶……這樣好了，我把菜單放在附件裡，你就這菜單開個酒單吧？」

高潮迭起的
香檳午宴

喝酒的人都知道菜鳥選酒搭配，最安全的一招就是管它餐桌上的是蔘鮑燕翅，還是松露魚子醬；管它是地下走的爬的豬羊牛雞、水裡游的划的魚龜蝦貝，或是天上飛的雁鴨鵝雉，一款玫瑰紅酒或是香檳都可以不分青紅皂白地矇混過去。這種懶人搭配法未必得到掌聲，至少不會有人吐槽。

對，最沒個性的酒也最容易和味蕾相處。可是對一個對精緻料理略略敏銳的人，胡亂找支酒來搭配，就算不是謀殺蹧蹋料理的美味或廚師的用心，也會讓享受美食變成一場非常枯燥無趣的事。配得不好，不如不配。

嚴格說來，認為香檳可以「人盡可夫」的，大概對香檳的認識有點淺碟和誤解。香檳不是多了氣泡的白酒而已。儘管出自一塊僅三萬公頃的土地，被允許釀製的葡萄品種也少，絕大多數都只用三種品種（黑皮諾、灰皮諾和夏多內），然而其味道的多變複雜，在葡萄酒中獨樹一格。栽種土地的特質，酒莊釀製的風格，調配比例的精巧細膩，熟成陳年的演變轉化……每個細節都影響其風格。

這也是為何頂級香檳總是非常耐人尋味的原因。

愛酒人很愛玩的一個品酒主題是：用同一款酒的不同年份來搭配一份套餐。一來考驗選酒人（或是料理人）的搭配功力；二來讓品嚐者感受同一款酒的熟成變化。要做到搭配得四平八穩，中規中矩，其實不難。但是要搭得華麗奇詭，或是高潮迭起就很不容易了，其中最難的是如何掌握酒開瓶後的變化。

搭配香檳的技巧，除了考慮每一款香檳冰鎮的適當溫度（老年份溫度不要太高，否則香氣容易封閉。反之，年輕香檳如果不夠冰，則顯得柔軟無力，喝來不夠過癮），最重要的是了解分析出每一款的特性和氣質，然後在料理中找到或呼應，或對應，或對襯，或反襯，或對位，或對比的味道元素。

我最近受邀一場Pol Roger的香檳午宴就是一次很有趣的搭配經驗。地點選在巴黎一星餐廳 Agapé。

餐廳在市中心東北角的十七區，是巴黎很住宅區的一塊，有很平常的麵包店肉鋪，旁邊有學校，老有學生群聚在門口抽菸鬼扯，街角有書報攤，沒有服裝名店，地鐵站之間甚至有點疏遠。再過去一點，就到了環城路，要出市區了。

POL ROGER
POL ROGER

EXTRA CUVEE DE RESERVE
CHAMPAGNE
Pol Roger
A EPERNAY
FRANCE
ELABORÉ PAR POL ROGER, EPERNAY, FRANCE.
BRUT 1993
PRODUCE OF FRANCE

這裡非常巴黎，不會在街口忽然望見熟悉的鐵塔或是聖心堂，所以也不太會看到觀光客晃悠或是拿著地圖在街頭一臉迷惑的景象。這種地方的好餐廳多半是附近的巴黎居民照顧出來的，不是觀光客。

餐廳外表以深褐色調為主，玻璃窗有霧面簾布遮著，入口僅容一人進出，窗邊貼著一張兩頁 A4 大小的菜單，只有突出的遮棚上印著風格化的字體 Agapé 足以辨識是餐廳，再簡單不過了。

餐廳內部裝潢也同樣簡約低調，不會讓人抬頭東張西望，尋找欣賞牆上老闆個人收藏的畫作藝品或是有建築師的精心設計讓人擊掌讚嘆。只是柔和的光線，柔和的牆壁色彩、氣氛以及排得整齊舒適的桌椅餐具。

菜單也只能用簡單兩字形容，前菜主菜甜點都僅四、五種選擇。不過熟知法國各地特色食材的人馬上就可以讀出主廚要表達的是什麼。扇貝是布列塔尼 Brest 港捕來的，豬頸肉是來自西班牙 Salamanca 的伊比利豬種，小牛肉是名肉商 Hugo Desnoyer 供應的，巧克力則是特里納達島 Oropuce 莊園產的，普羅旺斯 Vaucluse 的綠蘆筍，義大利 Colonnata 的醃肥豬肉，Guilvinec 的小螯蝦。簡言之，菜單像一本歐洲各地名貴食材。

午餐則是一份主廚特別設計搭配四款不同年份的 Pol Roger 香檳的套餐。

開胃小點是用 Comté 乳酪和孜然香料做的酥餅 croustillants Comté-Cumin，搭配的是 Pol Roger 2000。品嚐酒菜搭配最好是先試喝酒，再來品嚐食物，然後感受兩者結合的變化。這款香檳是用香檳區一級和特級葡萄 60% 黑皮諾和 40% 夏多內調配而成的，在酒廠地窖中熟成九年才上市。香味活潑清新，除了杏桃乾西洋梨等氣味外，難得的有一絲鳶尾花的優雅香氣。酥餅烤得膨鬆酥脆，乳酪的奶香味不重，散落的孜然和海鹽顆粒，讓味道起落有致，且無油膩之感。

這組搭配重在對比。香檳果香清爽活潑，酥餅鹹辛沉穩，一起品嚐，出現圓潤滑腴的口感。

前菜是主廚的拿手招牌：輕燻小牛生肉薄片佐蠔葉生菜／帕梅森乾酪，這道菜幾乎是所有媒體給予一致好評的作品。搭配的是 Pol Roger 1998 年。

這款香檳超過十年了，香氣出現得較緩慢，卻很豐厚，熟果乾果味道要等酒溫略高時才出現，接著是香草與奶油，還有一絲烤麵包味。煙燻給予清淡近乎無味的小牛肉薄片在香味上有支撐，還有淡酸檸檬汁和橄欖油使味道變得有立體感，帶鹹味和奶味的乾酪則讓整道菜的口感顯得厚實。類似的料理我嚐過以燻劍魚替代的，這裡比較奇特的是多了味道有牡蠣亦有生菜的蠔葉。

煙燻，檸檬酸，乳酪，牡蠣，生菜……理論上是有過多的味道在同一道料理裡，不過在這裡每種元素都維持在同等的細緻淡雅上。而差不多這道菜裡的元素都在這款香檳裡找到對應：煙燻／烤麵包，牡蠣／礦石，奶香／奶油，檸檬／果酸。

主菜是煎扇貝佐南瓜泥／柑橘／烤芝麻。

搭配的香檳是近十多年最佳年份之一 1996。這款 Pol Roger 有很明顯的茉莉之類的白花香味和新鮮的杏仁胡桃，接著轉成熟的蘋果西洋梨，再來是帶點辛香的香料，而且用餐之際，仍不斷地變化，果然是一款很有儲存潛力的年份。經過十三年的儲存，它展現的仍是奔放的活力，完全不顯老態。

這道扇貝和香檳的搭配於我顯得複雜，柑橘的酸和香檳的果酸有所呼應，不過柑橘也帶點苦味，雖然有南瓜泥的甜味緩和，總是有點干戈。倒是扇貝鮮甜美味，海味與酒中的礦石很有呼應。

甜點是日本柚子乳霜燕麥酥餅佐薑味水煮梨搭配 1993 年的香檳。這道甜點也是極為清淡，甜味不是主角，柚子香味和乳霜口感才是。93 年嚐起來有些呆滯，但仍不失均衡，已經很柔順飽滿，不多氣泡的刺激跟乳霜是很好的唱和，細緻的柚子香氣和薑讓香檳多一份骨幹。

Pol Roger 創立於 1849 年，是香檳區名氣極大且仍保有家族獨立經營的老牌酒廠，其 1928 年是香檳史上傳奇珍釀，據說是英相邱吉爾的隨身名酒，我當然沒能趕上，也沒那個機緣喝到這支奇酒。二次大戰後 Pol Roger 曾消極過一段時間，九十年代中重新成為香檳界中的老大之一，那支 1996 年就是其代表作。不過最近二十年來，Pol Roger 推出的每一款都精采出色，被認為是香檳中品質最穩定出色的酒廠之一。

幾年的法國菜經驗，我愈來愈覺得上乘飲食裡最不易的就是精采的酒菜搭配，很多名廚或是侍酒師都未必做得到叫人心服口服。然而這也是欣賞法國飲食裡最有趣與艱難的地方。除了敏銳細膩的感官，品賞之際還夾有很多對酒與菜的認識、想像和詮釋。

買酒，
你要相信誰？

朋友請客吃飯，在法國的社交習慣是帶瓶酒去，主人通常會當著客人的面把酒開來和其他人分享。這時候，好酒就很有面子了，眾人一片讚賞，對閣下的選酒能力稱羨崇仰，主人沾光，你的身分地位也立刻晉升提高，連微笑都讓人覺得牙齒比別人的白晰潔亮。當然，如果酒選得差，算是在這個社交圈裡栽了個觔斗，自己摸摸鼻子，下次同樣的聚餐帶把花算了，畢竟玫瑰不能吃，遇上專家的機率也小些。如果你太愛面子，花了大把鈔票，挑了一支名貴好酒，也難保主人不會感激涕零視你為知己好友之際，趕快收進自己的酒窖中，過後再自己慢慢獨享。精挑細選的好酒與自己竟只有一面之緣，贈酒人心中暗自不爽，影響荷包又破壞彼此交情，非常不智。這些狀況我都碰過。

問題是，酒的好壞跟價格不見得成正比，名莊貴雖貴，不見得一定好。至於各種村莊級、一級酒莊、優等列級、布爾喬亞級、一等特級……等等產地等級，不僅叫人眼花撩亂，而且各國有各國的分級方式，各產地有各產地的分級制度。法文同樣的「特級」（grand cru）一詞，在波爾多、布根地或是亞爾薩斯所代表的意義不盡相同，有時甚至天差地別，很多酒界打滾多年的行家都不見得搞得清楚明白，就別提一般大眾消費者多半是霧裡看花瞎子摸象了。說真的，看看就好。

於是許多人就喜歡買本指南來按圖索驥。可惜，買酒不比上餐館，只要找到一本值得信任的指南就一切搞定了。法國市面上知名的葡萄酒指南數十本，較知名的有《法國最佳葡萄酒排名指南》（*Classements des Meilleurs Vins de France*）、《Hachette葡萄酒指南》（*Guide Hachette des Vins*）、《高勒米歐葡萄酒指南》（*Guide des Vins de Gault Millau*）……其他還有無數依產地（《布根地酒指南》*Guide des Vins de Bourgogne*）或是類別（《有機葡萄酒指南》*Guide Solar Vins Bio*）分類評鑑的大小指南。每本的編排評選方式也都不一樣，參考角度也有很大的差異。

專業葡萄酒雜誌、專業評酒人可算一言九鼎一諾千金的吧？美國的 *Wine Spectator* 雜誌、英國的 *Decanter* 雜誌、法國的 *Le Revue de Vin de France*；在葡萄酒界點石成金呼風喚雨的 Robert B. Parker 也有自己的 Wine Advocate，英國的 Jancis Robinson、Hugh Johnson 也都是各據一方的大師名耆。這些專家的話總該可信吧？偏偏他們對許多酒的看法經常各執一詞，難有共識，看熱鬧和看門道的一樣多。如果我再告訴你，葡萄酒界的醜聞內幕是，有些酒莊為某些名家大

MINISTÈRE DE L'AGRICULTURE ET DE LA PÊCHE
MÉDAILLE
D'ARGENT
PARIS 2006
CONCOURS GÉNÉRAL AGRICOLE

布魯塞爾世界葡萄酒
大賽的評審之一，
Bernard Christian。

師特別調配討好其個人偏好口味的酒時，以後你就不必驚訝為何你和某些名家的口味不一，或是明明同一款酒你就喝不出他那個門道了。

還有，你在超市酒店裡精挑細選酒款時應該看過的，貼在瓶身上，通常是一枚硬幣大小鑲金框銀的圓形標籤：布魯塞爾世界葡萄酒金獎（Concours Mondial de Bruxelles）、國際葡萄酒挑戰賽大獎（International Wine Challenge）、巴黎農業沙龍金牌（Médaille d'Or de Salon d'Agriculture de Paris）……每一個似乎都是權威背書，信譽保證的參考標準。

除了這些以外，還不算那些繁多複雜的網路新聞媒體刊物，種種五花八門，廣告評論難分難捨不清不楚的文章報導，以及你周遭身邊自稱品酒名家的張三李四來歷不名的酒肉朋友，不時給你他的親身體驗或是專業建議。

買酒，你該相信誰？

根據一份法國民調，絕大多數的法國人是根據荷包預算挑酒的。但是預算之內，挑哪一支哪一款哪個年份還是難題一樁。法國男人會依據從媒體得知的模糊印象，以產地葡萄品種或是年份來選酒。印象歸印象，到底不是可靠的標準。另一個調查說，女人則是很受標籤設計的美醜（字體美感，燙金鑲邊，也有圖案畫作的）或是酒莊名稱的好壞，憑當下一時的感覺衝動挑選。好吧，勇於嘗試畢竟不是缺點，萬一賭到價美物廉的好酒，暗暗祈禱識貨者稀，明天起個大早再去抱一整箱回家慢慢享用。如果踢到鐵板，拿自己的血汗錢和身體開玩笑，還得賠上一陣子的壞情緒，非常非常划不來。

要命的是，即使你身上揣著到處張羅蒐集到的各種指南雜誌書籍，小心翼翼地選酒，抱歉，通常超市或是葡萄酒專門店不會有你要的那個酒莊、那個年份。單單波爾多地區就有一萬兩千家酒莊，哪家超市酒專賣店有本事有空間統統弄到眼前讓你「弱水三千只取一瓢飲」？最後你還是得根據擺在眼前酒架上不知名沒聽過的酒款產地年份去做痛苦冒險的決定。你以為有備而來，結果還是一腳跳入走馬看花的泥沼陷阱。

說真的，也還好大家看法都不一致，這是葡萄酒迷人也惑人的地方。酒評和影評一樣，專家獎牌等級，沒有一個是說了就算的無上權威。聽聽就好，當參考，別當標準。

我個人微小的經驗可以拿來當下酒話題。

我不是品酒專家，好幾年間受邀布魯塞爾葡萄酒大獎賽當評審，受邀的原因正因為我不是葡萄酒專家。這個世界最大的評酒賽每年四月舉行，以 2007 年為例，來自世界各地五千多支酒款，由來自各國二百八十位評審，分成三十九組評審團，每團評委五至六人，三天內評完。

評酒在非常嚴肅認真一絲不苟的過程中進行：每支酒都事先編號套罩，每組評審團由不同國籍不同行業的人組成，他們可能是記者、釀酒師、酒商、侍酒師或專業評酒人，這和國際影評經常由音樂家、小說家等不同領域者組成的一樣，目的是讓品味能多元化，不被單一條件（釀酒師可能只從技術評判）或是文化背景影響（歐洲人的口味和亞洲可能有差異）。

當然是盲評，也就是評委只被告知酒的類別（紅酒、白酒、氣泡酒還是甜酒），以及年份。此外，品評中無法得知任何關於酒的其他資訊。評分分四類：色澤（占分十五）、香味（占分三十）、品嚐（占分四十四），最後一類是整體評價（占分十一），總分一百。

每評完一支酒，每個評委將得分表格簽名後，交給該團的總審，確認編號簽名無誤，再交給大會人員整理記錄，計算總分，看得分是否足以頒發金銀銅牌獎。評審中，儘管可以交談，但是評委盡量不過分表示個人喜好，以免影響他人（或被認為有左右其他評委的嫌疑）。嚐到一些不尋常的酒款時，大家難免議論紛紛，不過都是在交出評分表後才討論的。

混充評審八年之間，我和不少其他國家的專家們，有些甚至名氣頗大，一起評過上千種酒款，對遇上一些不確定的酒時，也會偷瞄其他評委的給分。這幾年的經驗下來，個人小小的結論是：每個專家都有自己熟悉偏愛的酒款產地風味，沒有一個專家敢自稱認識世上所有的品種氣候土壤。更多的時候專家們也對自己的認識信心產生懷疑，評完一系列的酒之後，休息時間聚在一起討論剛才那批酒是哪個產地哪個國家，然後各抒己見，這時猜對比猜錯的機率高很多。

還記得 2007 年我們就嚐到一系列奇特的氣泡酒，評委長認為這是一批劣級香檳，並問我對這批酒的看法，我以為這絕不是香檳，但是無法確認產地。其他評委也紛紛說出自己的觀感，卻沒人敢對這

批酒的產地下斷論。後來證明是一批不同產地混成的氣泡酒。

像這樣一組五、六人的評委團對同一支酒的評分經常南轅北轍，各行其是的現象很常見，真正同時擄獲這些專家的品味的酒實在少之又少，通常都是大金牌獎的得主。而每年的大金牌獎得主只有少數，2006 年 5447 支酒只有四十九個大金牌，比例不到百分之一。

布魯塞爾金獎是國際知名的金獎，認真嚴謹。很多小獎賽頒獎浮濫，目的只是希望來年更多酒來報名比賽，增加主辦單位的收入，也讓那些不知名的酒莊可以多賣兩瓶，或是向獎牌借光打入市場或是媒體精選排行之列。

連世界評酒大賽的專家都經常意見紛歧，各說各話，這個事實告訴我們：所謂的權威其實不是那麼的「權威」。我認識幾個進口酒商，其挑酒進口的標準是美國名酒評家 Robert B. Parker 給的分數：「九十分以上肯定賣得出去！」可是 Parker 這個酒界至尊這幾年也不像過去那樣不可一世，全球葡萄酒簡直瞬息萬變，消費者的口味也是，反 Parker 的風潮前所未有的巨大。於是在紛擾雜沓的諸多品酒專家意見中，還得考慮現在流行什麼口味。喝葡萄酒會是一種時尚品味的表徵不是沒有道理的。

專家當然有一定的標準和經驗，其意見是很好的參考指標，但是意義在於當參考，而非替你決定該喝、該喜歡什麼樣的酒，或是哪種口味的酒你非喜歡不可。我認為，初期品酒，心（直覺），最重要。在你完全不認識該品種土地年份好壞的情況下，憑最簡單純樸的個人味覺來感受你對這款酒的感覺：喜歡，不喜歡。你更可以拿同一產區不同年份，或是同一品種不同國家，或是同一產地得獎與沒得獎的酒開來一起比較。比較是最能了解差異的方式。這像你在路邊欣賞過往美女或是看電影一樣，不必知道對方的身世背景或是技術條件來決定喜好。

在你對某支酒或某產地的酒產生偏好與好奇後，就可以進一步去找尋你喜歡它的原因了。

我運氣好，有一些喝頂級名酒的經驗，但是最叫我念念不忘，甚至失魂落魄的卻是一支當時我完全不認識的釀酒人的作品：Henri Jayer（法國布根地，見注）。他釀的酒產量極少，不曾出現在任何世界酒展上或是專家雜誌的酒評裡，巴黎最頂級的餐廳也不見得有他的酒，有些書排世界百大珍釀也沒提到他。但是他的酒在極少數的酒迷心中崇高無比，我喝到他村莊級的 Vosne-Romanée1990 時，餐廳侍酒師告訴我他剛過世兩個多月，品嚐之際，悵然若失。這支空瓶到現在還擺在我的書架上。

我們的老祖宗說：盡信書不如無書。喝酒也是，有時候相信權威專業，不如相信自己的感覺。

注：Henri Jayer 有酒神之稱，日本漫畫《神之雫》裡第一支被實習生打破的就是他的傳奇名酒 Gros Parantoux。除非是經常買拍賣會的收藏家，一般法國人根本沒聽過這個人，沒見過，也喝不起。他的酒是少數曾在拍賣會上超過 DRC 的紅酒。2006 年過世，其作品從此成為所有酒迷夢想而不可得的傳奇。

哪支酒最好？

我被問過幾次這樣的問題：喝過最好的酒是哪一支？最喜歡的香檳是哪一家的？最喜歡哪一區的葡萄酒？早幾年我給的答案很明確，那些馳名世界的酒莊跳出腦中：布根地的 Grand Echézeau、波爾多的 Château Haut-Brion、Dom Pérignon 90、伊庚堡 89……老實說，這幾年我倒是愈喝愈糊塗。或說，這問題對我愈來愈沒有意義。

喝酒的樂趣到底在哪裡？當一杯酒端在手上的時候，我們的期待又是什麼？

長年住在巴黎，我常有機會陪臺灣來的朋友上法國餐廳用餐喝酒。點菜，雞鴨魚豬，各人所好，點酒就比較複雜了。不常用葡萄酒搭佐菜餚的，有些願意試試，有些興致缺缺。喜愛拿酒搭配，甚至無酒不歡的，就有諸多考量了：紅酒還是白酒？哪個產地的？懂酒的

當然還要推敲年份，講究品種，盤算價格，衡量酒莊，其中的精密計算絕對不輸買賣炒股。這時候，是有點考驗對酒的認識和品味了，而選酒在腦中的沙盤推演要比選菜複雜而有趣多了。如果懂酒愛酒，又有能力對價格不是那麼在乎呢？

一次陪朋友在巴黎一家高級餐廳有過難忘的經驗。

Le Cinq 是巴黎最高檔的餐廳之一，在著名的四季喬治五世飯店裡，歷史建築，金碧輝煌，是少數有條件接待世界級領袖或是明星貴族富豪大亨的宮殿旅館。張先生帶著太太和朋友四人來巴黎玩幾天，就住這裡的總統套房，順理成章地找一天在這裡晚餐。

Le Cinq 以服務親切周到著稱，我們六人剛入座，服務生推來香檳車，問我們要不要來杯香檳當開胃酒。在半圓形銀製大冰桶插著橫七豎八的香檳裡獨缺香檳王，愛酒懂酒的張先生乾脆請服務生拿酒單來，和朋友兩人打開酒單，直接翻看香檳王那一頁有哪些年份，聽到兩人從 85、88（玫瑰香檳嗎？）、90 討論到 96，我豎著耳朵在旁邊聽得心旌搖搖……哪一年都好啊！

後來開的是 96。香檳王雍容華貴而有個性，拿來佐餐是有點委屈，獨飲最能展現它的豐富變化，像欣賞一齣經典的歌劇，唱作俱佳之外，還有許多做得很漂亮的道具布景等細節可慢慢細品。放在他處，我不敢說，但是在 Le Cinq 有同樣對等的氣派餐廳倒是很不錯的開場，侍酒師打開瓶塞那一剎那，冷煙從瓶口湧出，彷彿看到帕瓦洛帝、卡拉斯，盛裝華服，躍上舞臺，等待開喉獻唱。

如珍珠般晶瑩圓潤的氣泡像樂譜上的音符，有些歡聚在表面，擠擠促促地大合唱，有些則帶著節奏，在金黃的酒液中搖曳生姿地憑空出現，排列若珍珠銀鍊，畫出弧線，飄浮上來，歡然加入合唱。我總認為香檳氣泡輕聲的爆裂聲，是情人的枕邊輕吻，是戀人的耳鬢私語，是葡萄酒界中最迷人的美聲，既調情又催情，未飲先醉人。

問香檳是何物？直教人欲死欲仙……

我們在香檳醉人的情緒裡點菜點酒。菜有生扇貝魚子醬、栗子野菇烤龍蝦、松露烤雞、蜜棗漬檸檬乳鴿和小羊排。為了搭配這幾道菜，酒的選擇實在頗費周章，但也趣味橫生。生扇貝魚子醬和龍蝦可延續香檳王的典雅華美一起搭配，張先生和朋友把厚厚的酒單翻來覆去，費心苦思想找兩支好酒來給烤雞乳鴿羊排們一個驚喜。

結果驚喜的是我：布根地 Clos de Tart 1990 配烤雞，波爾多 Château Cheval Blanc 1995 配烤鴿和小羊！

這兩支都是酒迷心中的夢幻酒款，在我的飲酒生涯裡只交錯過幾次，每次都是激情相遇，過後則是久久的魂縈夢牽，不知下回何時再相逢。Clos de Tart 是布根地頂級酒中非常獨特的一款，細緻而強悍，一如製作精巧的大理石藝品，只有時間才能將之打磨得溫潤柔滑，儘管開瓶時已有十五年的歲月，仍只是它成熟壯碩的開始。

Château Cheval Blanc 兼有雄壯與細膩，濃郁飽滿中有輕盈靈巧，每一口都變化無窮，氣質豪爽闊氣，毫不保留，像和一位大俠論武，覺得天方地闊，歲月悠長……

2007

LACAPELLE
CABANAC
malbec
Original
CAHORS

主廚的幾道精美菜餚水準極高，而這兩款酒不但搭配，那種享受層次已經超過味覺，成為精神上的滿足。菜用完撤下去之後，已經過了一陣子時間變化的酒，單品其特性香味是更純淨深厚的享受。一般總是酒配菜，菜是主，酒是副，可是這樣醇美豐富的好酒，本身就足以讓人忘卻許多俗事煩憂。我們聊著世界局勢，名人緋聞，巴黎人的生活癖好，明後天的行程節目……

我不是那種認為昂貴知名才是好酒的人，酒這種東西，需要適材適性，對飲相酌的人也要契合。不論是配菜還是獨酌，都像交朋友，遇上氣味相投的，感覺才對。那晚我的心中就是這種感覺，握在手裡燦亮透明的水晶杯，我不自覺搖晃的是生命裡奇幻的一刻，神奇的香氣從杯裡升騰出來……

我至今仍記得那一刻，人對，菜香，酒醇。

自我開始喝酒以來，一直不懂為何古人總是以酒澆愁。除非鯨吸牛飲，不解風情。在我們這個時代，好酒其實不宜澆愁，心一愁，什麼酒喝起來滋味都一樣苦澀。好酒，應該是生活裡最美好的那一塊，歐美諺語中「蛋糕頂端的櫻桃」。

哪支酒最好？其實不重要。哪個年份最精采？這也是其次。哪個產區最有特色？我不知道。經歷過這樣的時刻，我更覺得人生苦短，有太多美好的東西值得去體會。

我比較在意的是，下次端起一杯酒時，聞到看到自己的人生是什麼樣的，苦澀還是甜美？一起分享的人是不是也同樣知道你生命裡的苦澀與甜美？

RHUM
J.BALLY
DES
DU
CARBET
MARTINIQUE
CHATEAU CHEVAL BLANC
St Emilion

生活風格 LF048

飲酒書

慢飲葡萄酒的理性與感性

國家圖書館出版品預行編目 (CIP) 資料

飲酒書：慢飲葡萄酒的理性與感性 / 謝忠道著 . -- 第一版 . -- 臺北市 : 遠見天下文化 , 2013.09
面； 公分 . -- (生活風格 ; LF048)
ISBN 978-986-320-269-1(平裝)

1. 葡萄酒 2. 品酒
463.814 102016472

作者 — 謝忠道
副總監 — 周思芸
責任編輯 — 黃微真
美術設計 — 楊啟巽工作室
內頁圖片 — 巴黎拉法葉百貨 La Bordeauxtheque 波爾多酒專賣店：P.192 ～ 193；
Thinkstock：P.33、P.199下；銀塔餐廳（La Tour d'Argent）：P.196

出版者 — 遠見天下文化出版股份有限公司
創辦人 — 高希均、王力行
遠見．天下文化．事業群 董事長 — 高希均
事業群發行人／ CEO — 王力行
出版事業部總編輯 — 許耀雲
版權部經理 — 張紫蘭
法律顧問 — 理律法律事務所陳長文律師
著作權顧問 — 魏啟翔律師
地址 — 台北市 104 松江路 93 巷 1 號 2 樓

讀者服務專線 — 02-2662-0012 ｜ 傳真 — 02-2662-0007, 02-2662-0009
電子郵件信箱 — cwpc@cwgv.com.tw
直接郵撥帳號 — 1326703-6 號　天下遠見出版股份有限公司

製版廠 — 東豪印刷事業有限公司
印刷廠 — 立龍藝術印刷股份有限公司
裝訂廠 — 明輝裝訂有限公司
登記證 — 局版台業字第 2517 號
總經銷 — 大和書報圖書股份有限公司　電話／ (02)8990-2588
出版日期 — 2013 年 9 月 16 日第一版第一次印行

定價 — 350 元
ISBN — 978-986-320-269-1
書號 — LF048
天下文化書坊 — www.bookzone.com.tw
本書由上海曦若文化傳播有限公司授權出版